中南大学
地球科学
学术文库

丙申 何继善

中南大学地球科学学术文库

中南大学地球科学与信息物理学院　组织编撰

双阳盆地三维地质结构 重－磁－电综合解释

JOINT INTERPRETATION OF GRAVITY, MAGNETIC AND MAGNETOTELLURIC DATA FOR 3D GEOLOGICAL STRUCTURE BENEATH SHUANGYANG BASIN

童孝忠　周新桂　李世臻　袁杰　著

有色金属成矿预测与地质环境监测教育部重点实验室
有色资源与地质灾害探查湖南省重点实验室　　联合资助

中南大学出版社
www.csupress.com.cn

内容简介 / Introduction

本书系统收集整理了双阳盆地物性参数资料，完成了控制面积约 $100\ km^2$ 的三维重－磁－电资料的处理与解释。依据三维大地电磁资料的定性与定量处理成果，预测了研究区北部花岗岩体的埋深和侵入规模及范围；通过重磁资料的三维处理方法，并结合大地电磁成果进行约束反演，解决了研究区基底起伏、隆凹特征以及岩浆岩的发育特征等问题；依据三维重－磁－电资料的综合地质解释，预测了研究区的总体构架和盆地内部结构，明确了断裂、各主要构造层以及岩体的空间分布特征。

本书为我国东北地区空白区的油气资源勘探和构造研究提供了基础性资料，具有重要的理论和实际意义。本书可为油气资源勘探、构造研究和生产单位的技术人员和相关专业大专院校师生提供参考和借鉴。

作者简介 /

About the Author

童孝忠 男，1979 年生，博士，中南大学讲师。主要从事地球物理数据处理、正演模拟和反演成像的理论与方法研究。现已出版专著 4 本，发表专业学术论文 20 余篇，其中 SCI 收录 5 篇、EI 收录 12 篇、ISTP 收录 2 篇；主持完成湖南省自然科学基金项目 1 项（10JJ6059），教育部高等学校博士学科专项科研基金新教师基金项目 1 项（20110162120064），湖南省科技计划项目 1 项（2010TT2056），参与完成中国地质调查局老矿山技术创新与示范项目 1 项（12120113085700）。获省部级科技奖励 2 项。

周新桂 男，1966 年生，博士，博士生导师。现为中国地质调查局油气资源调查中心副总工程师兼油气室主任、地质调查局杰出地质人才、地质工程首席专家。长期从事油气基础地质调查、油气资源潜力与选区评价，以及地应力研究及其在油气勘探与开发中的应用、致密储层裂缝研究方法及应用等科研工作。主持和承担塔里木盆地国家科技攻关、地质大调查、地质矿产调查评价、全国油气资源战略选区调查与评价、天山—兴蒙构造带油气基础地质调查、油气公司重点项目及国家自然科学基金等项目数十项。获部级科技成果二等奖 1 项、三等奖 2 项。现已出版专著 7 本，发表专业学术论文 50 余篇，其中 SCI、EI 收录 10 篇。

编辑出版委员会

Editorial and Publishing Committee

中南大学地球科学学术文库

总序 /

中南大学地球科学与信息物理学院具有辉煌的历史、优良的传统与鲜明的特色，在有色金属资源勘查领域享誉海内外。陈国达院士提出的地洼学说(陆内活化)成矿学理论，影响了半个多世纪的大地构造与成矿学研究及找矿勘探实践。何继善院士发明的电磁法系统探测方法与装备，获得了巨大的找矿勘探效益。所倡导与践行的地质学与地球物理学、地质方法与物探技术、大比例尺找矿预测与高精度深部探测的密切结合，形成了品牌效应的"中南找矿模式"。

有色金属属于国家重要的战略资源。有色金属成矿地质作用最为复杂，找矿勘查难度最大。正是有色金属资源宝贵性、成矿特殊性与找矿挑战性，铸就了中南大学地球科学发展的辉煌历史，赋予了找矿勘查工作的鲜明特色。六十多年来，中南大学地球科学研究在地质、物探、测绘、探矿工程、地质灾害和地理信息等领域，在陆内活化成矿作用与找矿勘查、地球物理探测技术与装备制造、深部成矿过程模拟与三维预测、复杂地质工程理论与新技术以及地质灾害监测等研究方向，取得了丰硕的研究成果，做出了巨大的科技贡献，产生了广泛的社会影响。当前，中南大学地球科学研究，瞄准国际发展方向和国家重大需求，立足于我国复杂地质背景下资源勘查与环境地质的理论与方法创新研究，致力于多学科联合开展有色金属资源前沿探索与应用研究，保持与提升在中南大学"地质、采矿、选矿、冶金、材料"特色与优势学科链中的地位和作用，已发展成为基础坚实、实力雄厚、特色鲜明、国际知名、国内一流的以有色金属资源为主兼顾油气、岩土、地灾、环境领域的人才培养基地和科学研究中心。

中南大学有色金属成矿预测与地质环境监测教育部重点实验室、有色资源与地质灾害探查湖南省重点实验室，联合资助出版"中南大学地球科学学术文库"，旨在集中反映中南大学地球科学与信息物理学院近年来取得的系列研究成果。所依托的主要研究机构包括：中南大学地质调查研究院、中南大学资源勘查与环境地质研究院和中南大学长沙大地构造研究所。

本书库内容主要涵盖：继承和发展地洼学说与陆内活化成矿学理论所取得的重要研究进展，开发和应用双频激电仪、伪随机和广域电磁法系统所取得的重要研究成果，开拓和利用多元信息找矿预测与隐伏矿大比例尺定位预测所取得的重要找矿成果，探明和研发深部"第二勘查空间"成矿过程模拟与三维定量预测方法所取得的重要研究成果，预警和防治复杂地质工程与矿山地质灾害所取得的重要技术成果。本书库中提出了有色金属资源勘查理论、方法、技术和装备一体化的系统研究成果，展示了多项突破性、范例式、可推广的找矿勘查实例。本书库对于有色金属资源预测、地质矿产勘探、地质环境监测、地质灾害探查以及地质工程预防，特别对于有色金属深部资源从形成规律到分布规律理论与应用研究，具有重要的借鉴作用和参考价值。

感谢中南大学出版社为策划和出版该文库所给予的大力支持。感谢何继善先生热情指导和题词。希望广大读者对本书库专著中存在的不足和错误提出宝贵的意见，使"中南大学地球科学学术文库"更加完善。

是为序。

2016 年 10 月

前言

　　吉林双阳盆地位于松辽盆地东南缘，西北部为松辽盆地群，南部为多伦—延吉盆地群，双阳盆地地处两盆地群的结合部位。该盆地为一不对称的复向斜断陷盆地，残留了较厚的侏罗系—白垩系沉积地层和火山岩。以往的石油地质调查和煤田钻探查明该区中生界具有良好的生烃潜力，同时具有较好的生－储－盖条件。开展双阳盆地的三维重－磁－电资料处理及解释，其目标是调查研究区断裂的三维结构特征，定量解释各物性层厚度、埋深及空间三维展布，了解盆地基底埋深和起伏特征。

　　MT电法具备纵向上分辨率高的特点，在确定断裂性质、构造层起伏形态与埋深方面优势明显；重力异常具有横向分辨率高，对确定断裂及高密度体的分布有一定的优势；磁力异常是研究磁性体分布的重要依据，磁性界面也可以作为物性层的划分依据。因此，综合研究工作过程中，针对重－磁－电勘探方法解决的地质问题能力不同，同一勘探方法采取不同的处理技术手段可解决不同的地质问题，对重－磁－电数据采用全平面多方法常规处理与三维正反演技术相结合，充分发挥各方法的技术优势和特点，从多方面获取反映断裂、构造与岩性分布的信息，结合地质、钻井、物性等资料开展综合研究，完成相应的地质任务。

　　本书取得的主要成果如下：

　　1）系统完成了研究区物性参数资料的收集及观测，完成了双阳盆地控制面积约100 km^{2}的重－磁－电资料处理和解释；

　　2）通过三维MT电法资料的定性分析和定量反演解释，预测了研究区北部花岗岩体的埋深和规模及分布范围；

　　3）通过三维重、磁资料的处理与解释，预测了双阳盆地的总体构架和盆地内部结构；

　　4）通过对重、磁资料进行三维处理，并结合MT电法成果进行约束反演，主要解决了基底起伏、隆起凹陷，以及岩浆岩的发育特征等问题；

5）对重－磁－电异常的综合地质解释成果进行三维可视化处理，查明了断裂、各主要构造层以及岩体的空间分布特征；

6）依据三维重－磁－电异常综合研究成果，对双阳盆地双参1井进行了井位评价，并建立了钻井三维地质模型。

在本书编写过程中，中南大学的刘海飞老师给予了大力支持并提出了完善全书结构、体系方面的建议；有色金属华东地质勘查局的梁如洗高级工程师和朱春生高级工程师对本书的写作纲要提出了具体的补充与调整建议并予以鼓励。本书得到了国土资源部油气资源战略研究中心领导和专家的支持及指导。中国石油吉林油田公司、吉林大学、中国石油大庆油田公司、中石化东北石油局等单位的领导和专家也给予了有力的支持。在此一并表示衷心的感谢！

由于作者水平有限，书中难免存在疏漏和不妥之处，敬请读者和业内同仁指正。

作者

2017 年 5 月

目 录 /

Contents

第1章 双阳盆地地质与地球物理特征

双阳盆地位于吉林省长春市双阳区境内，北起双阳镇，西至二道梁子，东到大新开河，南至将军岭，面积约 400 km²。区域构造背景显示双阳盆地为一内陆山间盆地，位于松辽盆地东南缘，西北部为松辽盆地群，南部为多伦—延吉盆地群。双阳盆地为一不对称的复向斜断陷构造盆地，盆地长轴方向为 NW—SE，近圆形，长短轴长度相差不大（王洪力，2006）。

1.1 研究区概况

研究区内交通环境非常便利，长清、双蒋公路连接长春市主城区，龙双公路连通龙嘉机场，长－双－烟铁路贯穿双阳南北、连接沈吉和京哈铁路，长春至双阳城市高速公路和城市轻轨即将开工建设，初步构建了辐射全区、纵横全境、方便快捷的道路交通网络（图 1 – 1）。

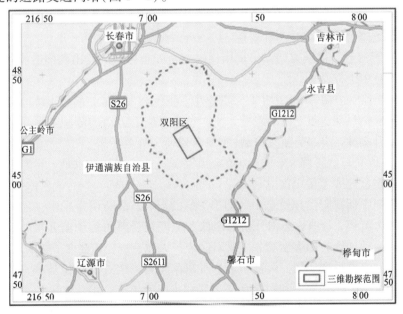

图 1 – 1 双阳研究区交通位置图

（引自 **Baidu – GS（2016）2089** 号）

双阳区为低山丘陵地带，呈西高东低态势，海拔高度为 208~235 m。地形起伏较小，地势平坦。属于中温带大陆性亚湿润季风气候，气候总的特点是春季干旱多风，夏季温暖短促，秋季晴朗温差大，冬季严寒漫长。具体而言，冬季多偏西风，气候寒冷、干燥，最大风速可达 30 m/s。夏季，东南风盛行。年平均气温 21.9℃，年平均降水量 623.4 mm，最大冻结深度 1.80 m，地震烈度为Ⅵ度。

研究区水利资源丰富，主要水系是双阳河，发源于将军岭老头泉，各支流呈聚心状，汇集于城区之南，经龙头门由南向北汇入饮马河，最后注入石头口门水库。其支流石溪河、杏树河分别从城区由南向北流过，于梨树园附近汇入双阳河，该两支流为季节性河流。

双阳区是国家级的生态示范区，全区林地面积为 40561 公顷，森林覆盖率达 24.7%，南部山区，森林茂密，吊水壶国家森林公园就坐落在双阳区山河街道境内。丰富的林业资源，天然的野生树叶，为饲养梅花鹿提供了大量丰富的食物，使该区成为"梅花鹿之乡"，遍山的野生林和人工林为旅游观赏和林业开发提供了资源。

1.2 地质特征

1.2.1 构造特征

研究区位于吉林省中部伊通—舒兰断裂南部，西北部为松辽盆地群，归属天山—兴安地槽褶皱区－吉黑褶皱系（Ⅰ）－吉林优地槽褶皱带（Ⅱ）－吉林复向斜（Ⅲ）－双阳—磐石褶皱束（Ⅳ），属伊通—舒兰断裂控制的燕山西构造旋回，双阳盆地为上叠中生界盆地。

本区受印支运动影响，中生界三叠系中－下统和古生界二叠系上统地层缺失。

在侏罗纪早期，印支运动之后，吉林省进入燕山运动的陆相盆地形成期，东部地区上升剥蚀，西部受断裂控制（主要有伊通—舒兰断裂、西拉木伦河断裂、敦密断裂），地壳开始下降，形成西带的红旗盆地，南带的义和盆地，北带的杉松岗盆地及双阳盆地等零星山间盆地。

侏罗纪中期双阳盆地受燕山运动第Ⅰ幕的影响，沿断裂带发生火山喷发，盆地边下陷边沉积，盆地轮廓向外扩展。侏罗纪晚期受燕山运动第Ⅱ幕的影响，强烈的构造运动导致火山多次喷发，双阳盆地扩大原有规模，叠加了新的盖层。

石炭－二叠系变质岩、灰岩和华力西期花岗岩构成古老沉积基底，盆地中心和周缘均由中生界侏罗系和白垩系碎屑岩和火山岩填充，其上被新生界第四系覆盖。盆地形成之后，北侧发育两条 NW 和 NE 向逆断层，切割了盆地边沿，演变成现在的近扇形形态。

双阳盆地为一不对称的复向斜断陷构造盆地，盆地长轴方向为 NW—SE，近圆形,长短轴长度近似相等。北西方向为盆地浅部,越往南越深。

1.2.2 地层特征

双阳盆地地层划分观点较多,意见不一,按照吉林大学董清水教授 2015 年最新地层划分方案,将研究区地层自老至新归纳如下:中泥盆统王家街组,下石炭统鹿圈屯组,中石炭统磨盘山组,上石炭统石嘴子组,下二叠统寿山沟组、大河深组、范家屯组,上三叠统大酱缸组,下侏罗统小蜜蜂顶子组、板石顶子组,中侏罗统太阳岭组,下白垩统安民组、长安组、金家屯组、泉头组,上白垩统放马岭组,古近系富峰山组以及第四系(表 1 - 1),缺失上二叠统、下三叠统中三叠统以及上株罗统地层。

表 1 - 1 双阳地区地层简表

界	系	统	组	符号	厚度/m	岩性
新生界	第四系			Q	2~38/20	灰色腐殖土、亚黄土、砂质黏土,砂砾石等
	古近系		富峰山组	E_2f		橄榄玄武岩,分布局限
中生界	白垩系	上统	放马岭组	K_2f	491~729/600	深灰色、黑色、灰绿色、灰紫色泥岩、粉砂岩、细砂岩、含砾粗砂岩,局部炭质含量较高,有时夹亮煤条带及大量动植物化石碎片
		下统	泉头组	K_1q	303~858/600	上部:黄色砂岩与灰黄色砂岩,红色粉砂岩及泥岩;下部:紫色砾岩
			金家屯组	K_1j	295~1047/671	上部:安山岩、安山质集块岩、安山玄武岩。产植物化石;下部:酸性凝灰岩、流纹岩、凝灰质砂岩夹煤层
			长安组	K_1ch	98~341/220	以含砂砾岩、长石砂岩、泥质粉砂岩、泥岩为主,夹薄煤层及少量凝灰岩层,产植物化石
			安民组	K_1a	63~245/154	安山岩、安山玄武岩和陆源碎屑岩,局部夹煤层;
	侏罗系	中统	太阳岭组	J_2t	203~1183/693	灰色、灰黑色细-中粒砂岩为主,粗砂岩与粉砂岩次之,煤层发育地区泥岩厚,上段:砾岩段;中段:含煤段;下段:砾岩、粉砂岩段
		下统	板石顶子组	J_1b	312~654/483	砾岩、含砾粗砂岩、砂岩、粉砂岩及少量酸性火山碎屑岩,产丰富的植物化石
			小蜜蜂顶子组	J_1x	648~724/686	上部:煤系或正常沉积碎屑岩与火山碎屑岩、熔岩互层;下部:酸性熔岩碎屑和中性熔岩;

界	系	统	组	符号	厚度/m	岩性
中生界	三叠系	上统	大酱缸组	T_3d	480	上部：黑色角岩，呈棱角状、块状、板状；中部：灰色、黑色各粒级砂岩和泥板岩，夹石墨层；下部：深灰色砾岩，基底式硅质胶结。砾石成分为黑色变质粉砂岩、硅化凝灰岩、花岗岩及燧石等，有定向排列砾石，有拉长破碎现象
古生界	二叠系	下统	范家屯组	P_1f	750	黄绿色砂岩、粉砂岩、泥质粉砂岩、凝灰岩、灰岩
			大河深组	P_1d	1530	灰黄色、灰褐色、灰白色片理化晶屑凝灰岩，夹片理化凝灰熔岩、安山岩
			寿山沟组	P_1s	182	上部：黄绿色粉砂岩夹灰岩透镜体；下部：黄绿色片理化含铁质锰质粉砂岩
	石炭系	上统	石嘴子组	C_3s	960	深灰－灰色中厚层灰岩、含燧石团块，黑色千枚岩
		中统	磨盘山组	C_2m	2266	灰色厚层结晶灰岩、生物碎屑灰岩，含燧石团块，变质砂岩及板岩
		下统	鹿圈屯组	C_1l	3781	上段：黑色角岩化粉砂岩、夹结晶灰岩、粉砂质板岩；中部：变质酸性熔岩，夹角岩化页岩、板岩；底部：角岩化凝灰砾岩；中段：角岩化粉砂岩夹中厚层灰岩；下段：灰黑色板岩、片理化粉砂质泥岩，底部有铁质砾岩、灰岩
	泥盆系	中统	王家街组	D_3w	893	上部：灰黑色生物碎屑灰岩；中部：黄绿色、紫色凝灰质砂岩、凝灰岩、凝灰质砾岩，夹灰岩透镜体；下部：黄绿色长石石英砂岩、泥质粉砂岩

各地层单元基本特征如下：

1）泥盆系

研究区仅发育中统的王家街组（D_3w），其上部为灰黑色生物碎屑灰岩；中部为黄绿色、紫色凝灰质砂岩、凝灰岩、凝灰质砾岩，夹灰岩透镜体；下部为黄绿色长石石英砂岩、泥质粉砂岩；厚约 893 m。为陆相碎屑岩向浅海相过渡产物。仅出露于研究区东侧王家街北。

该地层与上覆石炭系呈角度不整合接触。

2）石炭系

本区石炭系发育上、中、下统，发育地层有石嘴子组、磨盘山组、鹿圈屯组。下统鹿圈屯组大面积出露，厚度较大。

①鹿圈屯组（C_1l）：岩性分 3 段。上段：上部为黑色角岩化粉砂岩、夹结晶灰岩、粉砂质板岩；中部为变质酸性熔岩，夹角岩化页岩、板岩；底部为角岩化凝灰质砾岩；中段：灰黑色角岩化粉砂岩夹中厚层灰岩；下段：灰黑色板岩、片理化粉砂质泥岩，底部有铁质砾岩、灰岩；总体为浅海相陆源碎屑建造、碳酸盐岩建造及细碧角斑岩建造，厚度约为 3781 m；大面积出露于研究区外西侧、南侧；西侧分布于万昌屯、石溪村、常家村、丁家村、贾家屯南、于家街一带；南侧分布于大桦木林、将军村、小石棚、板石顶子一带。

②磨盘山组（C_2m）：岩性以灰色厚层含燧石团块结晶灰岩、生物碎屑灰岩为主，产蜓类化石，厚度约 2266 m。总体为浅海碳酸盐岩建造，是一套稳定的碳酸盐沉积，局部所夹的深灰色 – 灰黑色含泥质粉晶灰岩是潜在烃源岩。该组主要出露于研究区南侧和东侧，南侧分布于梁子、将军村、小蜜蜂顶子一带，东侧主要在王家街的双顶子山一带。

该组与下伏鹿圈屯组为平行不整合接触，与上覆石嘴子组为整合接触。

③石嘴子组（C_3s）：深灰 – 灰色中厚层灰岩夹含燧石团块的灰岩，局部夹白云质灰岩、生物碎屑灰岩，厚度约 960 m。总体为浅海相碳酸盐岩建造及陆源碎屑建造，仅零星见于研究区南侧的梁子村和小蜜蜂顶子及西侧王家街的双顶子山一带。

3）二叠系

研究区二叠系仅发育下统，发育地层有范家屯组、大河深组、寿山沟组，主要发育大河深组，其次为范家屯组。

①寿山沟组（P_1s）：上部为黄绿色粉砂岩夹灰岩透镜体；下部为黄绿色片理化含铁质锰质粉砂岩，厚度约为 182 m。总体为陆源碎屑岩及碳酸盐岩沉积，仅见于研究区南侧的梁子村北。

该组与下伏石炭系呈平行不整合接触，与上覆地层为整合接触。

②大河深组（P_1d）：灰黄色、灰褐色、灰白色片理化晶屑凝灰岩、灰绿色、黄褐色流纹质凝灰岩，夹灰绿色片理化凝灰熔岩、安山岩、砂岩、板岩和灰岩。总体为浅海相中酸性火山岩建造，夹陆源碎屑岩建造，仅出露于佟家乡的东侧。

③范家屯组（P_1f）：岩性以灰绿色砂岩、粉砂岩、灰岩、板岩、凝灰岩、熔岩为主，厚度 444～831 m。总体为一套浅海潮坪沉积环境相陆源碎屑、火山碎屑沉积。本区主要见于钻孔中，平均厚度为 750 m 左右。

该组与下伏地层为整合接触，与上覆三叠系地层为角度不整合接触。

4）三叠系

本区三叠系仅有上统大酱缸组（T_3d）：上部为黑色角岩，呈棱角状、块状、板状；中部为灰色、黑色各粒级砂岩和板岩，夹煤层；下部为深灰色砾岩，基底为硅质胶结，其中砾石成分为黑色变质粉砂岩、硅化凝灰岩、花岗岩及燧石等，有定向排列砾石，砾石有拉长破碎现象，厚 150～319 m，平均厚 235 m。表现出两个明显沉积旋回，由下部砾岩和上部砂岩、板岩组成（图 1－2），产丰富的植物化石。岩石普遍遭受热动力变质，煤层多变成无烟煤或石墨；出露于本区南侧万宝沟和东南侧的小蜜蜂顶子地区。

该组与石炭系鹿圈屯组为角度不整合接触（图 1－3），与上覆侏罗系小蜂蜜顶子组亦呈角度不整合接触。

图 1－2　双阳大酱缸三队北山大酱缸组灰黑色板岩夹纸片状页岩

图 1－3　双阳小石棚下石炭统鹿圈屯组与上三叠统大酱缸组界线（a）及地貌（b）

5）侏罗系

本区发育侏罗系中统和下统，中统仅发育太阳岭组地层，下统发育地层有板石顶子组、小蜂蜜顶子组，不整合覆盖于上三叠统地层之上。

①小蜂蜜顶子组（J_1x）：上部为煤系或正常沉积碎屑岩与火山碎屑岩、熔岩互层；下部为酸性熔岩碎屑岩和中性熔岩，厚648～724 m，平均厚686 m；该组明显有两个旋回：下段由酸性熔岩碎屑岩和中性熔岩组成；上段为煤系或正常沉积碎屑岩与火山碎屑岩、熔岩互层。熔岩层为该组的标志层，大面积出露于研究区西南侧和东南侧，西南侧主要分布于黑顶村、罗家沟一带，东南侧分布于板石顶子、小蜜蜂顶子一带，在王家街西、会源德等地零星出露。

②板石顶子组（J_1b）：主要由灰绿色、黄褐色砾岩、含砾粗砂岩、砂岩、粉砂岩及少量酸性火山碎屑岩组成，产丰富的植物化石，厚312～654 m，平均厚483 m。上段为粉砂层、薄层晶屑凝灰岩，下段为深灰色砾岩，砾石定向排列，由一套以沉积碎屑岩为主夹火山碎屑岩地层组成，主要出露于双阳盆地板石顶子东一带。

该组与下伏小蜂蜜顶子组呈平行不整合接触，与上覆中侏罗统太阳岭组亦呈平行不整合接触。

③太阳岭组（J_2t）：岩石以灰色、灰黑色细－中粒砂岩为主，粗砂岩与粉砂岩次之，煤层发育地区泥岩厚度较大，该组厚203～1183 m，平均厚693 m。具体分为三段，下段为砾岩、粉砂岩段；中段为含煤段；上段为砾岩段，砾岩成分主要为花岗岩和石英砾石（图1－4、图1－5）。总体为一套正常碎屑岩沉积，出露于研究区外东南侧的板石顶子东至新开村一带。

图1－4　板石村太阳岭组灰黑色粉砂岩　　　图1－5　板石村太阳岭组底部砾岩

6）白垩系

本区发育上统和下统，上统为放马岭组，下统有金家屯组、长安组、安民组等地层，与下伏侏罗系呈角度不整合接触，与上覆的新生界古近系亦呈角度不整合接触。

①安民组（K_1a）：前人曾将其命名火石岭组、大新开河组、久大组，主要由灰紫色、灰绿色安山岩、安山玄武岩和陆源碎屑岩组成，局部夹煤层，厚63~245 m，平均厚154 m。上部为安山岩段，下部为陆源碎屑岩，总体为一套火山岩与陆相碎屑岩沉积。在本区地表未出露，主要分布于新开河、小蜂蜜顶子的煤田钻孔中。

②长安组（K_1ch）：前人曾将其命名为沙河子组和二道梁子组，其中下部的砾岩段和含煤段，以黄褐色含砾砂岩、长石砂岩、泥质粉砂岩、泥岩为主，夹薄煤层及少量凝灰岩层（图1-6、图1-7），产植物化石，厚98~341 m，平均厚220 m。砂泥岩和煤层为该组标志层，总体为一套陆相碎屑沉积，局部有火山碎屑凝灰岩残留。该组主要出露于研究区南部，呈条带状分布在二道梁子煤矿至太阳岭南一带，呈团块状出露于刘家街西。区内二道梁子煤矿、丁家煤矿等均开采此组内煤层。

该组与下伏安民组呈整合接触，与上覆金家屯组亦呈整合接触。

图1-6 双阳丁家煤矿长安组褐色泥岩（油页岩）

图1-7 双阳丁家煤矿长安组煤

③金家屯组（K_1j）：前人指其为营城组、二道梁子组上部酸性火山岩段、原金家屯安山岩段和凝灰岩段，现指在长安组之上、泉头组之下的的一套中酸性火山岩。上部为安山岩、安山质集块岩、安山玄武岩；下部由酸性凝灰岩、流纹岩、凝灰质砂岩夹煤层组成，产植物化石碎片，厚295~1047 m，平均厚671 m。在区内主要出露于二道梁子一带，大面积出露于研究区周缘，尤其是东侧，东侧分布于太阳岭东的新开河至沿河村一带和刘家街至大公村一带及东北角长岭乡的下河村一带，西侧分布于贾家屯至杏树村一带。

④泉头组（K_1q）：岩性分为上下两段，上部为黄色砾岩、粗砂岩、灰黄色砂岩、棕红色粉砂岩及泥岩；下部为紫色、杂色复合成分砾岩，砾石成分以花岗岩、凝灰岩、变质岩为主（图1-8、图1-9），厚303~858 m，平均厚600 m。大段或一整段紫色砾岩为该组的标志层，为一套陆相碎屑岩沉积，广泛发育于盆地周缘，东西缘更发育，西缘由东放马岭至二道村、太平镇一带，东缘从太阳岭至甩湾水库一带。

图 1-8　双阳-石溪泉头组天然露头（a）　　图 1-9　双阳-石溪泉头组天然露头（b）

该组与下伏金家屯组呈角度不整合接触，与上覆放马岭组亦呈角度不整合接触。

⑤放马岭组（K_2f）：相当于青山口组，主要为深灰色、黑色、灰绿色-灰紫色泥岩、粉砂岩、细砂岩、含砾粗砂岩，局部含碳质较高，有时夹亮煤条带及大量动植物化石碎片，厚 491~729 m，平均厚 610 m。沉积特征为泥岩与砂岩或含砾砂岩呈互层。主要分布于研究区东北侧的长岭乡、小龙村。

7）古近系

富峰山组（E_2f）：该组岩性为紫红色气孔状、灰黑色致密块状橄榄玄武岩，厚 60~100 m，分布局限，主要分布在研究区南部太平镇、太阳岭、小蜜蜂顶子及北部小龙村一带，呈零星出露。

8）第四系

主要为黄色、褐黄色泥土、砂质黏土及砂砾石，厚 0~42 m，平均厚 20 m，大面积覆盖研究区内外。

1.2.3　岩浆岩

研究区岩浆活动比较频繁，岩浆岩种类多，喷出岩有安山岩、玄武岩，侵入岩有花岗岩、正长斑岩、闪长玢岩。主要发育岩体有安山岩、玄武岩和花岗岩。海西期和燕山期这两期岩浆活动强烈，海西期在古生代末期伴随有大量中基性岩浆活动，在二叠系下统大河深组有花岗岩侵入及安山岩、流纹质凝灰岩、中性火山碎屑岩等喷出；在中生代燕山期岩浆活动频繁，以裂隙式喷发为主，岩性以安山岩、安山集块岩为主，其次为玄武岩。

1）侵入岩

研究区内主要出露有燕山中期花岗岩和海西晚期花岗岩；其次为海西晚期石英二长岩和燕山早期钾长花岗岩，闪长岩零星出露。钻孔中主要见到花岗岩和闪长玢岩的岩芯。

花岗岩：有海西期和燕山期花岗岩，肉红色、灰绿色，花岗质结构，隐晶质结构，斑晶为肉红色长石、石英及蚀变暗色矿物，黑云母和铁镁质矿物已绿泥石化。海西期花岗岩出露于研究区西南侧的蛤蟆泉子至梁子一带，侵入到晚古生界地层中；燕山期花岗岩以黑云母花岗岩为主，成片出露于盆地四周边，且钻孔中常钻到，多分布于研究区西北部，并侵入到太阳岭煤系地层中。

正长(斑)岩：为浅黄色斑状结构，斑晶为钾长石，基质由粒状及短柱状长石组成，含少量石英。正长岩小面积出露于研究区外西北侧崔家村地区，侵入到二叠系地层中。

闪长玢岩：浅灰紫色、墨绿色，结构致密，性脆坚硬，气孔或杏仁状构造，气孔常被蛋白石充填。斑状结构，斑晶以长石为主，基质为隐晶质。闪长玢岩出露于研究区内外，在钻孔 100~450 m 的不同深度均见到玢岩，多侵入到长安组煤系地层中。

闪长岩：海西期和燕山期均有，墨绿色，致密坚硬，微晶结构，具有较多方解石细脉。呈团块状零星出露于研究区周边。

石英二长岩：出露于研究区东侧三道埠子村；含角闪石及少量磁铁矿，为二叠系晚期产物，随岩体侵入到石炭系、二叠系地层中。

2)喷出岩

研究区无出露，均为各钻孔见到，发育岩体有安山岩和玄武岩。

安山岩：紫红色、灰紫色、暗绿色、深灰色；斑状结构，斑晶为长石、黑云母、角闪石、辉石、绿泥石；基质粗糙，为安山质；有集块构造，局部见气孔和杏仁状构造；见方解石脉。

玄武岩：暗绿色－灰绿色，致密块状，可见角闪石、橄榄石，隐晶质结构，局部为斑状结构，偶见有杏仁状构造，裂隙中见方解石脉。时代为白垩系早期。

玄武质安山岩：墨绿色，微晶结构，致密坚硬性脆，有方解石脉填充。

安山质玄武岩：深灰绿色，结构致密，性脆坚硬。

蚀变安山岩：暗紫色隐晶质结构，块状构造，坚硬，基质中具明显的碳酸盐化现象。

安山角砾岩：暗绿色、紫灰色，角砾以安山岩为主，呈棱角状，被熔岩胶结。

1.3 地球物理特征

物性参数有密度、磁性、电阻率等，地壳内不同地质体之间存在物性差异是引起重力、磁性、电性异常的主要因素，是开展重－磁－电工作的地球物理前提条件。地层岩石物性参数是重－磁－电测量结果校正与综合地质解释的基本依据，物性参数选取是否符合实际情况，直接影响重－磁－电异常解释的正确性。

1.3.1 资料来源

本次物性资料收集包括双阳地区标本测定和以往研究区及周缘物性调查资料，钻井测井资料，野外采集各类岩石标本 600 块，第四系大样 30 件。主要以 2015 年双阳地区野外物性调查资料为主，结合伊通盆地、松辽盆地东南部榆树地区、长岭地区及平岗—辽源地区物性资料(图 1－10)，根据这些资料，对地层岩石密度、磁化率及电阻率参数进行系统的对比与分析。

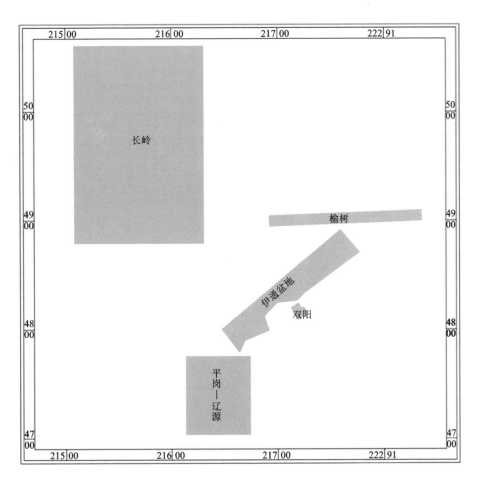

图 1－10　物性资料分布示意图

1.密度、磁化率采用资料

①2015年双阳地区岩石标本密度、磁化率测定结果统计表，见表1－2；

表1－2 2015年双阳地区岩石标本密度、磁化率测定结果统计表

界	系	组岩体	代号	主要岩性	标本块数	密度/(g·cm⁻³)			磁化率/10⁻⁵		
						极大值	极小值	平均值	极大值	极小值	平均值
新生界	新近系		N	中酸性火山岩（花岗岩）	30	2.69	2.65	2.67	34	18	22
	古近系	富峰山组	E_1f	黑色致密玄武岩	30	2.79	2.70	2.74	2102	187	1402
中生界	白垩系	金家屯组	K_1j	流纹质凝灰岩	12	2.60	2.55	2.58	2.56	45	27	33
				凝灰岩	18	2.59	2.50	2.53		29	2	11
		长安组	K_1ch	粉砂岩	47	2.52	2.38	2.48	2.53	9	4	7
				粉砂岩夹煤层	16	2.68	2.51	2.62		24	6	8
	侏罗系	太阳岭组	J_2t	粉砂岩	21	2.68	2.61	2.64	90	10	18
		板石顶子组	J_1b	含砾砂岩	30	2.62	2.56	2.59	7	1	4
		小蜜蜂顶子组	J_1x	粉砂岩	31	2.64	2.52	2.59	2.62	34	4	17
				黑色泥岩	13	2.69	2.63	2.65		7	2	5
				砂岩	9	2.63	2.59	2.61		15	10	13
				凝灰岩	7	2.73	2.71	2.72	2.65	122	47	63
				安山岩	8	2.62	2.59	2.61		47	28	38
				流纹质凝灰岩	18	2.62	2.56	2.60		5	2	3
	三叠系	大酱缸组	T_3d	含炭泥质板岩	30	2.75	2.69	2.72	5	1	2

续表1－2

地层系统				标本块数	密度/(g·cm⁻³)			磁化率/10⁻⁵		
界	系	组岩体	代号		极大值	极小值	平均值	极大值	极小值	平均值
古生界	二叠系	大河深组	P_1d	凝灰质砂岩	30	2.65	2.58	2.62		11	5	7
		寿山沟组	P_1s	粉砂岩	15	2.63	2.57	2.60	2.66	120	29	65
				灰岩	6	2.71	2.68	2.69		3	1	2
	石炭系	磨盘山组	C_2m	灰岩	22	2.73	2.68	2.71	2.71	3	1	2
				结晶灰岩	9	2.73	2.69	2.71		3	1	2
		鹿圈屯组	C_1l	灰岩	5	2.72	2.71	2.72	2.72	2	1	2
				黑色板岩	18	2.76	2.70	2.74		3240	2135	2635
				灰岩	16	2.74	2.70	2.72		4	1	2
	泥盆系	王家街组	D_2w	粉砂岩	18	2.72	2.63	2.69	2.70	26	18	21
				灰岩	15	2.72	2.68	2.70		15	6	11
岩体	燕山期		$\gamma_5^{2-2(2)}$	花岗闪长岩	30	2.56	2.65	2.60	23	12	17
	燕山期		δ_5	闪长岩	31	2.78	2.71	2.73	90	37	59
	华力西期		δ_4	闪长岩	30	3.76	2.69	2.83	9980	253	3579

注：P_1 大河深组、K_1 安民组、K_1 泉头组、K_2 放马岭组未获取磁测标本数据，故表中未列。

②2006 年伊通盆地岩石标本密度、磁化率测定结果统计表，见表1－3；

③2007 年松辽盆地南部榆树地区密度、磁化率测定结果统计表，见表1－4；

④2007 年度松辽盆地南部长岭地区密度、磁化率测定结果统计表，见表1－5；

⑤2007 年平岗－辽源地区密度、磁化率测定结果统计表，见表1－6。

表 1－3 2006 年伊通盆地岩石标本密度、磁化率测定结果统计表

系	统	组（岩体）	代号	主要岩性	标本块数	密度/（g·cm⁻³）			磁化率/10⁻⁵		
						最大值	最小值	平均值	最大值	最小值	平均值
第三系		富峰山组	E_1f	玄武岩	30	2.85	2.44	2.70	9351	237	1175
	始新统	吉舒组	E_2j	砂岩	30	2.62	2.31	2.47	934	17	82
白垩系	下统	泉头组	K_1q	砂岩、砾岩	45	2.61	2.02	2.22	33	8	15
侏罗系	上统	火石岭组	J_3h	凝灰质砾岩、安山岩	45	2.54	2.19	2.39	61	1	15
		安民组	J_3a	火山碎屑岩、安山岩	30	2.67	2.10	2.44	1238	1	43
		沙河子组	J_3s	砂岩	30	2.52	2.28	2.39	184	8	36
	下统	南楼山组	J_1n	安山岩、炭质页岩	60	2.80	2.42	2.61	1305	6	28
三叠系	上统	大酱缸组	T_3d	板岩	15	2.88	2.72	2.82	64	26	48
	上统	四合屯组	T_3s	安山岩	30	2.70	2.59	2.64	2274	7	110
二叠系	上统	林西组	P_2l	板岩、砂岩	30	2.70	2.46	2.64	43	6	17
	下统	哲斯组	P_1z	砂岩、粉砂岩、砂砾岩、灰岩	70	2.76	2.56	2.68	57	1	16
		范家屯组	P_1f	砂岩	30	2.66	2.25	2.41	10	1	2
		大河深组	P_1d	凝灰岩、凝灰质砾岩	30	2.78	2.57	2.71	2810	29	187
石炭系	中下统	磨盘山组	$C_{1-2}m$	灰岩	15	2.70	2.60	2.68	5	1	2
	下统	余富屯组	C_1y	角斑岩	30	2.70	2.52	2.60	28	1	4
		鹿圈屯组	C_1l	灰岩、砂岩	30	2.71	2.56	2.64	12	2	6
志留系		石缝组	Ss	火山碎屑岩	30	2.89	2.79	2.84	5060	2720	3583
奥陶系		烧锅屯岩组	Os	片岩	30	2.78	2.67	2.72	62	25	44
		黄顶子岩组	Oh	大理岩	30	2.71	2.67	2.70	5	1	2
		放牛沟火山岩	Of	凝灰岩、灰岩	30	2.72	2.62	2.67	555	2	17
寒武系		头道岩组	ϵt	大理岩	30	2.72	2.67	2.70	4	0	2
元古界		西保安岩组	Pt_{xb}	片岩	45	2.88	2.76	2.85	4006	96	865
中生代侵入岩		正长花岗岩	$K_1\zeta\gamma$	花岗岩	15	2.58	2.56	2.57	21	14	17
		二长花岗岩	$J_2\eta\gamma$	花岗岩	30	2.62	2.53	2.58	25	4	11
		二长花岗岩	$T_3\eta\gamma$	花岗岩	30	2.60	2.56	2.58	1447	4	92
		二长花岗岩	$T_1\eta\gamma$	花岗岩	15	2.58	2.55	2.57	121	41	64

续表 1 - 3

系	统	组（岩体）	代号	主要岩性	标本块数	密度/(g·cm⁻³) 最大值	密度/(g·cm⁻³) 最小值	密度/(g·cm⁻³) 平均值	磁化率/10⁻⁵ 最大值	磁化率/10⁻⁵ 最小值	磁化率/10⁻⁵ 平均值
古生代侵入体		花岗闪长岩	$P_2\gamma\delta$	花岗闪长岩	30	2.66	2.59	2.64	3127	1198	2135
		斜长花岗岩	$P_2\gamma o$	花岗岩	30	2.60	2.57	2.58	9	3	5

表 1 - 4 2007 年松辽盆地南部榆树地区密度、磁化率测定结果统计表

地层组名称	代号	主要岩性	标本块数	密度/(g·cm⁻³) 极值	密度/(g·cm⁻³) 算术平均值	磁化率/10⁻⁵ 极值	磁化率/10⁻⁵ 几何平均值
泉头组	K_1q	泥岩、砂岩、砂砾岩	11	2.41～2.59	2.58	10～122	38
登娄库组	K_1d	砂岩、泥岩、凝灰岩	13	2.23～2.61	2.51	13～144	36
营城组	K_1yc	泥岩、砾岩、火山角砾岩	51	2.38～2.69	2.56	10～382	33
沙河子组	K_1sh	砂岩、砾岩	46	2.45～2.66	2.58	10～179	37
火石岭组	K_1h	中酸性火山岩、砂岩	26	1.51～2.73	2.55	2～1160	25
帽儿山组	J_3m	酸性火山熔岩	30	2.55～2.60	2.58	13～464	127
太安屯组	J_2t	砾岩	15	2.63～2.68	2.66	12～148	26
		砂岩	15	2.63～2.68	2.65	8～48	15
大酱缸组	T_3d	粉砂岩	29	2.56～2.75	2.66	18～62	29
		安山岩	1	2.59	2.59	1166	1166
老龙头组	T_1l	中酸性火山角砾岩	30	2.41～2.48	2.45	643～1510	1089
土门岭组	P_1t	石英砂岩	20	2.64～2.68	2.66	10～48	19
		硅化白云质砂岩	10	2.84～2.90	2.87	24～199	56
杨木岗组	P_1y	板岩	30	2.51～2.70	2.61	14～25	19
唐家屯组	C_2t	硅质白云岩	30	2.63～2.79	2.70	8～55	25
固安屯组	Pt_3g	黄铁矿化石英岩	10	2.63～2.67	2.65	630～2728	1238
岩浆岩	γ	花岗岩	178	2.50～2.70	2.58	1～2160	340
	β	辉长岩	5	2.85～2.94	2.90	9466～13866	11543
	δ	花岗闪长岩、石英闪长岩	29	2.59～2.77	2.70	75～2719	1251

表 1 – 5 2007 年度松辽盆地南部长岭地区密度、磁化率测定结果统计表

时代		地层（岩体）	密度 /(g·cm⁻³)	密度分层	磁化率 /10⁻⁵	磁性分层
新生界		Q – N	2.19	低密度层	0 ~ 10	
中生界	白垩系	嫩江组（K₂n）	2.39	中 – 低密度层	0 ~ 15	微弱磁性层
		姚家组（K₂y）	2.43			
		青山口组（K₂qn）	2.51	中密度层		
		泉头组（K₁q）	2.44		26	
		登娄库组（K₁d）	2.50		16	中磁性层
		营城组（K₁yc）	2.58		12 ~ 113	弱磁性层
		沙河子组（K₁sh）	2.62		26	中 – 强磁性层
		火石岭组（K₁h）	2.59		29 ~ 3140	
古生界		C – P	2.68	高密度层	100	中磁性层
前震旦系		AnZ	2.74			
岩浆岩	火山岩	流纹岩	2.44	中 – 高密度层	39	弱磁性层
		凝灰岩	2.62		35	
		安山岩	2.76		113	中磁性层
		玄武岩	2.68		192	

表 1 – 6 2007 年平岗 – 辽源地区密度、磁化率测定结果统计表

时代	主要岩性	标本块数	磁化率/10⁻⁵		密度/(g·cm⁻³)	
			变化范围	平均	变化范围	平均
船底山组 N₂ch	玄武岩、安山岩	50	92 ~ 4026	1320	2.95 ~ 2.05	2.59
泉头组 K₁q	砂砾岩、泥岩、粉砂岩、页岩	70	1 ~ 346	43	2.53 ~ 2.05	2.30
英华村组 K₁y	粉砂质泥岩、砂岩、粉砂岩	30	29 ~ 642	341	2.67 ~ 1.88	2.35	2.32
长安组 J₃c	砾岩、砂岩	30	9 ~ 487	79	2.36 ~ 2.02	2.22
	凝灰岩、流纹岩	15	3 ~ 128	62	2.55 ~ 2.18	2.39

时代	主要岩性	标本块数	磁化率/10^{-5}		密度/$(g \cdot cm^{-3})$		
			变化范围	平均	变化范围	平均	
吐呼噜组 J_3t	安山质凝灰岩、	50	59 ~ 2228	617	2.71 ~ 2.40	2.58	
	流纹质凝灰岩	30	2 ~ 624	198	2.66 ~ 2.33	2.47	
金刚山组 J_3j	粉砂质泥岩	20	31 ~ 97	57	2.66 ~ 2.44	2.51	2.53
义县组 J_3y	安山岩、凝灰岩	10	244 ~ 2564	1119	2.61 ~ 2.49	2.55	
	流纹质凝灰岩	15	7 ~ 36	18	2.68 ~ 2.50	2.59	
	砂砾岩	10	8 ~ 30	17	2.69 ~ 2.52	2.62	
$Os - Ss$	流纹质熔岩、云英岩、片麻状花岗岩	35	20 ~ 1016	276	2.63 ~ 2.50	2.59	
γ_4、γ_{3-2}	二长花岗岩、黑云母花岗岩、斜长花岗岩	130	1 ~ 826	144	2.71 ~ 2.44	2.56	
γ_4	花岗岩	10	221 ~ 383	283	2.51 ~ 2.44	2.48	
δ_5	花岗闪长岩	5	421 ~ 1107	697	2.69 ~ 2.63	2.66	

2. 电阻率资料统计

①2015 年双阳地区岩石标本电阻率测定结果统计表,见表 1 - 7;

②2015 年双阳地区 MT 反演电阻率成果图表,见表 1 - 8 和图 1 - 11;

③2006 年伊通盆地露头岩石电阻率测定结果统计表,见表 1 - 9;

④伊通盆地电性分层综合成果表,见表 1 - 10;

⑤2007 年长岭地区测井电阻率测定结果统计表,见表 1 - 11;

⑥2007 年平岗 - 辽源地区电阻率测定结果统计表,见表 1 - 12。

表 1－7 2015 年双阳地区岩石标本电阻率测定结果统计表

地层系统				主要岩性	标本块数	电阻率/$(\Omega \cdot m)$		
界	系	组	代号			极小值	极大值	平均值
中生界	白垩系	金家屯组	$K_1 j$	流纹质凝灰岩	12	281	604	412
				凝灰岩	18	414	931	753
		长安组	$K_1 ch$	粉砂岩	47	66	178	122
				粉砂岩夹煤层	16	32	114	87
		安民组	$K_1 a$	凝灰岩	18	209	753	509
	侏罗系	太阳岭组	$J_2 t$	粉砂岩	30	182	475	286
		板石顶子组	$J_1 b$	含砾砂岩	30	154	519	311
		小蜜蜂顶子组	$J_1 x$	粉砂岩	31	89	247	177
				黑色泥岩	13	27	151	108
				砂岩	9	206	477	322
				凝灰岩	7	325	981	641
				安山岩	8	311	844	521
				流纹质凝灰岩	18	214	577	399
	三叠系	大酱缸组	$T_3 d$	含炭泥质板岩	30	278	811	431
古生界	二叠系	大河深组	$P_1 d$	凝灰质砂岩	30	413	1022	822
		寿山沟组	$P_1 s$	粉砂岩	15	281	526	394
				灰岩	6	931	2422	1541
	石炭系	磨盘山组	$C_2 m$	灰岩	22	1022	2755	1466
				结晶灰岩	9	1276	2131	1721
		鹿圈屯组	$C_1 l$	大理岩化灰岩	5	1744	4104	2877
				板岩	18	715	1632	921
				灰岩	16	816	1947	1531
	泥盆系	王家街组	$D_2 w$	粉砂岩	18	432	1088	717
				灰岩	15	752	1781	1311
岩体			$\gamma_5^{2-2(2)}$	花岗闪长岩	30	1106	4722	2351
			δ	闪长岩	61	2431	7636	3922

注：C_3 石嘴子组、P_1 范家屯组、K_1 泉头组、K_2 放马岭组、E_2 富山组未获取电测标本数据，故未列入表中。

表 1-8 2015 年双阳地区 MT 反演电阻率一览表

单位/（Ω·m）

地层＼钻孔	7-1	122	102	145	147	107	120	71-18	几何平均值
K_1q	45	42	33		38	42	85	36	44
K_1j	63	86	59	48	126	55	108		73
K_1ch		71		62	82			45	63
K_1a				103					103
J_2t								56	56
J_1x			82				113		96
T_3d			93						93
P_1f		75	105				135		102
γ							156		156

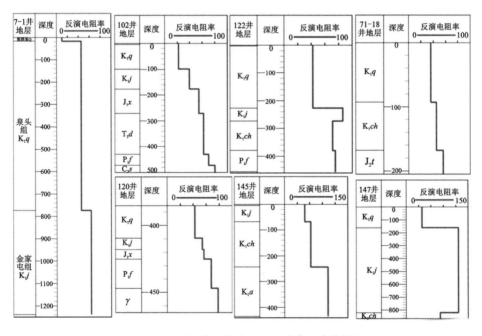

图 1-11 双阳地区井旁 MT 反演电阻率曲线图

表 1 − 9　2006 年伊通盆地露头岩石电阻率测定结果统计表

系	统	组（岩体）	代号	主要岩性	露头组数	电阻率/(Ω·m)		
						最大值	最小值	平均值
第三系	始新统	富峰山组	E_1f	玄武岩	20	25755	229	2474
		吉舒组	E_2j	砂岩	20	2279	356	929
白垩系	下统	泉头组	K_1q	砂岩、砾岩	30	3880	43	344
侏罗系	上统	火石岭组	J_3h	凝灰质砾岩、安山岩	30	859	101	394
		安民组	J_3a	火山碎屑岩、安山岩	20	926	353	620
		沙河子组	J_3s	砂岩	20	17973	210	1573
	下统	南楼山组	J_1n	安山岩、炭质页岩	40	12781	802	2185
三叠系	上统	大酱缸组	T_3d	板岩	10	5643	1524	3007
	上统	四合屯组	T_3s	安山岩	20	4263	1056	2215
二叠系	上统	林西组	P_2l	板岩、砂岩	20	652	105	364
	下统	哲斯组	P_1z	砂岩、粉砂岩、砂砾岩、灰岩	50	21885	213	1928
		范家屯组	P_1f	砂岩	20	694	149	429
		大河深组	P_1d	凝灰岩、凝灰质砾岩	20	2572	678	1298
石炭系	中下统	磨盘山组	$C_{1-2}m$	灰岩	10	60836	16968	29783
	下统	余富屯组	C_1y	角斑岩	20	8618	271	1426
		鹿圈屯组	C_1l	灰岩、砂岩	20	48143	1043	6567
志留系		石缝组	Ss	火山碎屑岩	10	545	207	322
奥陶系		烧锅屯岩组	Os	片岩	20	28570	1055	6298
		黄顶子岩组	Oh	大理岩	20	416928	44604	101436
		放牛沟火山岩	Of	凝灰岩、灰岩	20	325312	4051	27970
寒武系		头道岩组	$\in t$	大理岩	20	26776	2084	6988
元古界		西保安岩组	Pt_{xb}	片岩	20	132299	10084	18317

系	统	组（岩体）	代号	主要岩性	露头组数	电阻率/$(\Omega \cdot m)$		
						最大值	最小值	平均值
中生代侵入岩		正长花岗岩	$K_1\zeta\gamma$	花岗岩	10	4830	2164	3165
		二长花岗岩	$J_2\eta\gamma$	花岗岩	20	36671	434	4054
		二长花岗岩	$T_3\eta\gamma$	花岗岩	20	36407	507	7944
		二长花岗岩	$T_1\eta\gamma$	花岗岩	10	2884	1124	1797
古生代侵入体		花岗闪长岩	$P_2\gamma\delta$	花岗长岩	20	9007	2181	4273
		斜长花岗岩	$P_2\gamma o$	花岗岩	10	1654	918	1078

表 1 – 10　伊通盆地电性分层综合成果表

界	系	地层名称	代号	主要岩性	电阻率/$(\Omega \cdot m)$			
					标本	首支	井旁反演	测井
新生界	第四系		Q	浮土	12.6	6.4		11.1
	新近系	岔路河组	Nc	泥岩、粉砂岩、砂砾岩		8.3		20.0
	古近系	齐家组	E_3q	泥岩、粉砂岩、砂砾岩		6.6		8.2
		万昌组	E_3w	砂岩、砾岩、泥岩		13.0		12.8
		永吉组	E_2y	泥岩、砂岩、砾岩		2.7		6.2
		奢岭组	E_2sh	砂岩、砾岩、泥岩		2.2		6.6
		双阳组	E_2s	砂岩、砾岩、泥岩		2.3		19.8

界	系	地层名称	代号	主要岩性	电阻率/($\Omega \cdot m$)			
					标本	首支	井旁反演	测井
中生界	白垩系	青山口组	K_1qn	砂岩、泥岩	344	14.7		
		泉头组	K_1q	砂岩、砾岩、泥岩		11.9		14.3
		登娄库组	K_1d	砂岩、砾岩		65.2		
	侏罗系	火石岭组	J_3h	凝灰质砾岩、安山岩	394			
		沙河子组	J_3s	砂岩	1573			
		南楼山组	J_1n	安山岩、炭质页岩	2185			
古生界	二叠系	范家屯组	P_2f	板岩、砂岩	364	214.3		
		杨家沟组	P_1y	砂岩、灰岩	1928	61.6		
	石炭系	余富屯组	C_1y	角斑岩	1426			
		鹿圈屯组	C_1L	灰岩、砂岩	6567			
	志留系	石缝组	Ss	火山碎屑岩	322	38		
	奥陶系	烧锅屯岩组	Os	片岩	6298	117.7		
		放牛沟火山岩	Of	凝灰岩、灰岩	27970	62.3		
侵入体		花岗岩	γ		3349	234	17	86.1
		花岗闪长岩	$\gamma\delta$		4273	303		

注：古生界寒武系、泥盆系、中生界三叠系未获取综合数据，故未列入表格。

表 1 – 11   2007 年长岭地区测井电阻率测定结果统计表

电阻率/($\Omega \cdot m$)

地层	代号	长深 1	腰深 1	DB11	达 2	平均值
青山口组	K_2qn	20.2	22.8	21	14.3	19.6
泉头组	K_1q	22.5	29.3	23.6	16.9	23.1
登娄库组	K_1d	42.8	79.4	32.3	17.2	42.9
营城组	K_1yc	93	360.3	94.3		182.5

表 1 - 12　2007 年平岗 - 辽源地区电阻率测定结果统计表

地层		主要岩性	标本块数	电阻率/($\Omega \cdot m$)	
				变化范围	平均值
船底山组	N_2ch	玄武岩、安山岩	25		4058
泉头组	K_1q	砂砾岩、泥岩、页岩	60	376 ~ 203	
登娄库组	K_1d	花岗岩、凝灰质砂岩	60	236 ~ 414	
长安组	J_3c	泥岩、页岩、砂岩	60	23 ~ 211	
		凝灰质砂岩	5		95
安民组	J_3a	安山岩	45	1768 ~ 2502	
		砂岩、砾岩、凝灰质砂岩	50	231 ~ 504	
久大组	J_3j	粉砂质泥岩、页岩	5		88
		安山岩	40		2384
德仁组	J_3d	安山岩、凝灰岩	50	3629 ~ 4029	
		砂砾岩	5		2292
夏家街组	J_2x	安山岩	50	2295 ~ 2669	
奥陶 - 志留系	$Os - Ss$	变质岩	30		4463
岩体	γ	花岗岩	95	7348 ~ 7553	

注：表中空白栏数据缺失(未搜集到)。

1.3.2　地层物性特征

由于研究区为第四系覆盖，地层岩石密度、磁性参数统计、分析是以密度测井和岩芯物性参数测定为主，对以上资料进行对比、筛选和分析，得出地层岩石各项物性参数的综合特征。

1. 地层岩石密度特征

依据本次露头岩石标本密度实测结果、伊通盆地物性统计资料，结合榆树、长岭、平岗—辽源等区的物性统计结果，本区地层密度测定结果及分层特征见表 1 - 13。

第四系：岩性主要是粉砂土、黏土夹少量砾石等冲积砂砾层，成岩性差，密度为 1.63 g/cm³（大样测定结果），属于低密度层。区内第四系覆盖范围大，几乎全区覆盖，但根据钻孔资料显示盖层很薄。

古近系：岩性主要为致密玄武岩，密度为 2.74 g/cm³，属于高密度层，呈零星出露，主要出露在研究区南部太平镇一带。

白垩系：为本次研究的主要沉积地层，大面积出露于测区周边，分布范围广，沉积厚度大，地层齐全，岩性复杂，密度相对变化大，但是总的密度较小，属于中－低密度层。

放马岭组和泉头组岩性主要为砂岩、砾岩，局部夹煤层，密度分别为放马岭组 2.46 g/cm³、泉头组 2.48 g/cm³，属于低密度层；

金家屯组和安民组岩性为安山岩、安山集块岩、安山玄武岩、酸性凝灰岩、流纹岩等，密度分别为：金家屯组 2.58 g/cm³、安民组 2.55 g/cm³，属于中－低密度层，金家屯组沉积厚度大，分布范围广，为本次解释的标志层；

长安组为金家屯组和安民组中间沉积的一套正常碎屑沉积岩，岩性为砂岩、含砾砂岩、粉砂岩、泥岩夹煤层及少量凝灰岩层，密度为 2.48 g/cm³，属于低密度层。

侏罗系：分布范围广，沉积厚度大，岩性复杂，密度相对变化不大，但是总的密度不高，属于中密度层。

太阳岭组岩性主要为粉砂岩、砾岩、煤层，密度为 2.51～2.68 g/cm³，平均密度为 2.58 g/cm³，属于中－低密度层；

板石顶子组岩性主要为含砾砂岩、砾岩、砂岩及少量火山碎屑岩，密度为 2.56～2.62 g/cm³，平均密度为 2.59 g/cm³，属于中－低密度层；

小蜂蜜顶子组岩性复杂，主要为粉砂岩、黑色泥岩、凝灰岩、安山岩、流纹质凝灰岩、中酸性熔岩，密度为 2.52～2.73 g/cm³，平均密度为 2.61 g/cm³，属于中密度层；

三叠系：仅分布有大酱缸组，岩性主要为变质砂岩、砾岩、含炭泥质板岩，平均密度为 2.65 g/cm³，属中密度层。

古生界：沉积有二叠系、石炭系、泥盆系等地层，主要发育石炭系灰岩地层，分布范围广，沉积厚度大，其他地层剥蚀厚度大，残留小。岩性主要为灰岩、板岩、变质砂岩、凝灰岩及少量砂岩、砾岩和火山岩等，密度为 2.57～2.80 g/cm³，平均密度为 2.70 g/cm³，属于高密度层。

岩体：主要为花岗岩、花岗闪长岩、闪长岩，密度为 2.53～2.82 g/cm³，平均密度为 2.59 g/cm³，属于中密度体。

表 1 – 13　2015 年双阳地区地层密度测定结果统计表

界	系	组	符号	主要岩性	密度/(g·cm⁻³)	
					平均值	分层
新生界	第四系		Q	粉砂土、黏土夹少量砾石	1.63	低密度层
	古近系	富峰山组	E_1f	玄武岩	2.74	高密度层
中生界	白垩系	放马岭组	K_2f	砂泥岩互层夹煤层	2.46	低密度层
		泉头组	K_1q	砂岩、砾岩	2.48	低密度层
		金家屯组	K_1j	安山岩、流纹岩、凝灰岩	2.58	中密度层
		长安组	K_1ch	粉砂岩夹煤层	2.48	低密度层
		安民组	K_1a	安山岩、安山玄武岩，夹煤层	2.55	中 – 低密度层
	侏罗系	太阳岭组	J_2t	粉砂岩、砾岩	2.58	
		板石顶子组	J_1b	含砾砂岩、凝灰岩	2.59	
		小蜜蜂顶子组	J_1x	粉砂岩、黑色泥岩、凝灰岩、安山岩、流纹质凝灰岩、中酸性熔岩	2.61	
	三叠系	大酱缸组	T_3d	变质砂岩、砾岩、含炭泥质板岩	2.65	
古生界	二叠系	范家屯组	P_1f	砂岩、灰岩、凝灰岩	2.65	高密度层
		大河深组	P_1d	凝灰质砂岩、安山质凝灰岩	2.66	
		寿山沟组	P_1s	片理化、粉砂岩、灰岩	2.66	
	石炭系	石咀子组	C_3s	灰岩、页岩	2.71	
		磨盘山组	C_2m	灰岩、结晶灰岩、板岩	2.71	
		鹿圈屯组	C_1l	大理岩化、灰岩、黑色板岩	2.72	
	泥盆系	王家街组	D_2w	粉砂岩、灰岩	2.70	
岩体			γ	花岗闪长岩、闪长岩	2.59	中密度体

2. 地层岩石磁性特征

依据本次岩石露头磁化率实测结果及伊通盆地物性统计结果，结合榆树、长岭、平岗—辽源等物性统计结果，本区地层磁化率测定结果统计见表 1 – 14。

正常碎屑沉积岩层和酸性火山岩建造表现为微磁、弱磁层，磁化率数值均为数个至数十个单位（10⁻⁵）。基性、超基性火山岩具有一定磁性，可划分出 5 个磁性层。

表 1－14　2015 年双阳地区地层磁化率测定结果统计表

界	系	组	符号	主要岩性	磁化率/10⁻⁵ 平均值	分层
新生界	第四系		Q	粉砂土、黏土夹少量砾石	8	弱磁性层
	古近系	富峰山组	E_1f	玄武岩	876	强磁性层
中生界	白垩系	放马岭组	K_2f	砂泥岩互层夹煤层	5	弱磁性层
		泉头组	K_1q	砂岩、砾岩	15	
		金家屯组	K_1j	安山岩、流纹岩、凝灰岩	104	中磁性层
		长安组	K_1ch	粉砂岩夹煤层	17	弱磁性层
		安民组	K_1a	安山岩、安山玄武岩、夹煤层	89	中磁性层
	侏罗系	太阳岭组	J_2t	粉砂岩、砾岩	18	弱磁性层
		板石顶子组	J_1b	含砾砂岩、凝灰岩	4	
		小蜜蜂顶子组	J_1x	粉砂岩、黑色泥岩、凝灰岩、安山岩、流纹质凝灰岩、中酸性熔岩	23	
	三叠系	大酱缸组	T_3d	变质砂岩、砾岩、含炭泥质板岩	2	
古生界	二叠系	范家屯组	P_1f	砂岩、灰岩、凝灰岩	19	中磁性层
		大河深组	P_1d	凝灰质砂岩、安山质凝灰岩	290	
		寿山沟组	P_1s	片理化粉砂岩、灰岩	34	
	石炭系	石咀子组	C_3s	灰岩、页岩	3	弱磁性层
		磨盘山组	C_2m	灰岩、结晶灰岩、板岩	2	
		鹿圈屯组	C_1l	大理岩化灰岩、黑色板岩	111	中磁性层
	泥盆系	王家街组	D_2w	粉砂岩、灰岩	16	
岩体			γ	花岗岩	20	中磁性体
			δ	花岗闪长岩、闪长岩	2135	强磁性体

　　第一套磁性层：为浅部古近系富峰山组，是强磁性层，岩性为致密玄武岩，磁化率为 $(187～2102)×10^{-5}$，平均值为 $876×10^{-5}$。由于地层分布零星，覆盖面很小，厚度较小，磁异常为零星点式分布，影响较小；

　　第二套磁性层为早白垩世的金家屯组，是中磁性层，岩性以安山岩、安山玄武岩、流纹岩、凝灰岩为主，磁化率数值为 $(2～945)×10^{-5}$，平均值为 $104×10^{-5}$，覆盖面较广，是引起中浅部大片中频磁异常的主导因素；

第三套磁性层为早二叠世的大河深组，是中磁性层，岩性以板岩、凝灰岩为主，磁化率为 $(5 \sim 913) \times 10^{-5}$，平均值为 290×10^{-5}，覆盖面较广，且埋深大，是引起深部中频磁异常的主导因素；

第四套磁性层为早石炭世的鹿圈屯组，是中磁性层，岩性以变质砂岩、角岩、板岩、凝灰质砾岩、熔岩夹灰岩为主，磁化率范围为 $(1 \sim 3240) \times 10^{-5}$，平均值为 111×10^{-5}，覆盖面较广，埋深大，是引起深部中频磁异常的主导因素；

第五套磁性层以酸性、中性为主，常见于花岗岩、闪长岩中。花岗岩磁化率小于 100×10^{-5}，为弱磁性层，但花岗闪长岩或闪长岩的磁性较强，磁化率为 $(253 \sim 9980) \times 10^{-5}$，为强磁性体。

3. 地层岩石电阻率特征

采用标本电阻率、测井电阻率、首支电阻率和标本测定四种方法来分析地层岩石电性特征，虽然各种方法测定的地层电阻率不一样，数值上横向关联不大，但是在纵向上电阻率的变化趋势是一致的。本次地层电阻率统计分析的主要依据是露头标本实测电阻率、井旁 MT、首支电阻率，结合伊通盆地、榆树、长岭、平岗—辽源等标本实测电阻率、岩芯电阻率、测井电阻率、井旁 MT 等资料，统计结果见表 1 – 15。

研究区地层电阻率根据地层岩性组合按照厚度加权统计，统计结果见表1 – 16。

第四系：主要是粉砂土、黏土夹少量砾石等冲积物砂砾层，电阻率大多数小于几十 $\Omega \cdot m$，属于低阻层。

古近系：主要岩性为致密玄武岩，电阻率为 1175 $\Omega \cdot m$，属于高阻层。

白垩系：为本次研究的主要沉积地层，大面积出露于测区周边，分布范围广，沉积厚度大，地层齐全，岩性复杂，电阻率相对变化大，但是总体相对不高，属于中阻层。

放马岭组和泉头组是一套正常沉积碎屑岩，电阻率分别为：放马岭组 75 $\Omega \cdot m$、泉头组 82 $\Omega \cdot m$，属于低阻层；

金家屯组和安民组岩性为安山岩、安山集块岩、安山玄武岩、酸性凝灰岩、流纹岩等，电阻率分别为：金家屯组 608 $\Omega \cdot m$、安民组为 509 $\Omega \cdot m$，属于中高阻层，金家屯组沉积厚度大，分布范围广，为本次解释的标志层；

长安组为金家屯组和安民组中间沉积的一套正常碎屑沉积岩，岩性为砂岩、含砾砂岩、粉砂岩、泥岩夹煤层及少量凝灰岩层，电阻率为 103 $\Omega \cdot m$，属于低阻层。

侏罗系：分布范围广，沉积厚度大，岩性复杂，电阻率相对变化较大，但是总体相对不高，属于中 – 低阻层。

太阳岭组岩性主要为粉砂岩、砾岩、煤层，电阻率为 182 ~ 475 $\Omega \cdot m$，平均电阻率为286 Ω·m，属于中阻层；

板石顶子组岩性主要为含砾砂岩、砾岩、砂岩及少量火山碎屑岩，电阻率为154～519 Ω·m，平均电阻率为311 Ω·m，属于中阻层；

小蜂蜜顶子组岩性复杂，主要为粉砂岩、黑色泥岩、凝灰岩、安山岩、流纹质凝灰岩、中酸性熔岩，电阻率为27～811 Ω·m，平均电阻率为352 Ω·m，属于中阻层。

三叠系、二叠系、石炭系、泥盆系等地层，岩性、结构、变质程度等差异较大，呈中、高阻变化，岩性主要为灰岩、板岩、变质砂岩、凝灰岩及少量砂岩、砾岩和火山岩等，电阻率为278～4104 Ω·m，平均电阻率为1037 Ω·m，属于高阻层。

岩体：以酸性、中性为主，花岗岩、闪长岩最为常见。电阻率一般为1106～7636 Ω·m，总体上为高阻层。

从以上分析可知，研究区盖层第四系、白垩系主要为低阻层，基底主要为高阻层。

表 1–15　2015 年双阳地区电阻率测定结果统计表

系	组	符号	电阻率/(Ω·m)			
			标本	井旁	测井(邻区)	首支
第四系		Q				34.8
新近系		N				
古近系	富峰山组	E_1f				32.5
白垩系	放马岭组	K_2f			19.6	
	泉头组	K_1q		44	33.0	40.8
	金家屯组	K_1j	608	73	182.5	47.4
	长安组	K_1ch	103	63		54.4
	安民组	K_1a	509	103		
侏罗系	太阳岭组	J_2t	286	56		25.7
	板石顶子组	J_1b	311			62.4
	小蜜蜂顶子组	J_1x	209	96		155.6
三叠系	大酱缸组	T_3d	431	93		
二叠系	范家屯组	P_1f	1211	102		
	大河深组	P_1d	817			
	寿山沟组	P_1s	634			

系	组	符号	电阻率/(Ω·m)			
			标本	井旁	测井(邻区)	首支
石炭系	石咀子组	C_3s	1563			
	磨盘山组	C_2m				
	鹿圈屯组	C_1l				74.6
泥盆系	王家街组	D_2w	983			
志留系	桃山组	S_1t				
奥陶系	石缝组	O_3s				
岩体		γ	2214	156		85.6

表 1 – 16　2015 年双阳地区地层电阻率厚度加权统计成果表

界	系	组	符号	主要岩性	电阻率/(Ω·m)	
					平均值	分层
新生界	第四系		Q	粉砂土、黏土夹少量砾石	15	低阻层
	古近系	富峰山组	E_1f	玄武岩	1175	高阻层
中生界	白垩系	放马岭组	K_2f	砂泥岩互层夹煤层	75	低阻层
		泉头组	K_1q	砂岩、砾岩	82	
		金家屯组	K_1j	安山岩、流纹岩、凝灰岩	608	中–高阻层
		长安组	K_1ch	粉砂岩夹煤层	103	
		安民组	K_1a	安山岩、安山玄武岩、夹煤层	509	
	侏罗系	太阳岭组	J_2t	粉砂岩、砾岩	286	中–低阻层
		板石顶子组	J_1b	含砾砂岩、凝灰岩	311	
		小蜂蜜顶子组	J_1x	粉砂岩、黑色泥岩、凝灰岩、安山岩、流纹质凝灰岩、中酸性熔岩	352	
	三叠系	大酱缸组	T_3d	变质砂岩、砾岩、含炭泥质板岩	431	
古生界	二叠系	范家屯组	P_1f	砂岩、灰岩、凝灰岩	1211	中–高阻层
		大河深组	P_1d	凝灰质砂岩、安山质凝灰岩	822	
	石炭系	寿山沟组	P_1s	粉砂岩、片理化、灰岩	1023	高阻层
		石咀子组	C_3s	灰岩、页岩	1060	
		磨盘山组	C_2m	灰岩、团块状结晶灰岩、板岩	1517	
	泥盆系	鹿圈屯组	C_1l	灰岩、大理岩化、黑色板岩	1831	
		王家街组	D_2w	黄绿色粉砂岩、灰岩	1035	
岩体			γ	花岗闪长岩、闪长岩	3132	高阻体

4.综合物性特征

根据对地层岩石电阻率、密度及磁性参数的统计及其特征分析,作者对双阳盆地的地层进行了综合物性分层,如图 1 – 12 所示。

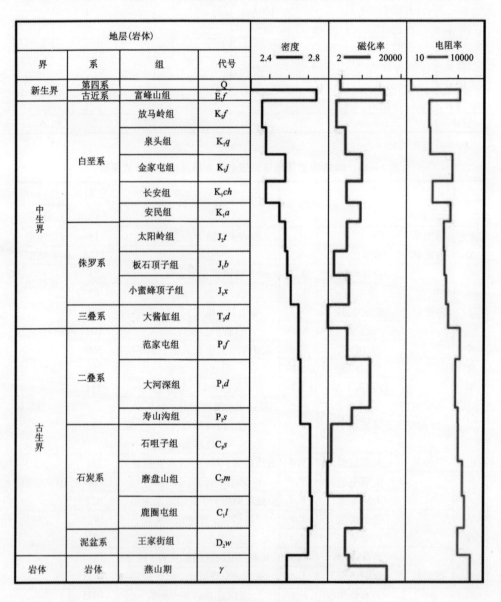

图 1 – 12 2015 年双阳地区地层综合物性分层图

白垩系：碎屑岩属中低密度、微弱磁性、中－低阻层。砂砾岩发育时电性升高，为低阻层；火山岩属中密度、中磁性、中－高阻层。

侏罗系—古生界地层总体为高密度、弱磁性（其中局部地层为中等磁性）、中高阻变化的地层。

花岗岩为中密度、弱磁性、高阻体；花岗闪长岩属中密度、强磁性、高阻体。

按照岩石物性参数的统计对地层进行了具体的统计分层，在各种方法解释运用中，结合每种物探方法自身的特点综合考虑，在解释中要做到横向上的相关性和纵向上的特殊性，共性耦合，个性放大。使岩石地层物性与物探异常充分结合，在有限的约束条件下，达到地质综合解释的最佳效果。

第 2 章　三维重－磁－电数据采集

在影响重－磁－电法勘探精度的因素中，除勘探区物性条件和勘探方法固有的体积效应外，沿用多年的二维部署思路、二维处理方式也是目前影响重－磁－电勘探精度的主要因素（孙卫斌等，2012）。目前重－磁－电油气勘探区多为山前带、地表地形复杂区、碳酸盐岩裸露区、火山岩发育区，这类地区地表地下岩性变化非二维特征突出，观测响应中三维特征明显。因此，为了提高复杂区重－磁－电勘探精度，获得可靠的重－磁－电构造异常信息，配合地震勘探工作，开展重－磁－电资料的三维采集、处理、解释技术研究成为重－磁－电技术发展的必然趋势。三维 MT 电法数据采集以面元为单位进行，面元内各测点位于田字形网格节点处，测网一般为 0.5 km × 0.5 km，数据同步采集；重－磁数据采集采用高密度基点网控制的 100% 三维重－磁重复技术，进而获得高质量的重－磁数据。

2.1　测量工作方法与技术

2.1.1　坐标系统

在 WGS－84 椭球上得到各测点的坐标，使用坐标转换三参数，经坐标转换后得到各点的北京 1954 年坐标系坐标；高程采用 1956 年黄海高程系，各点高程异常值利用 CQG2000 高程异常数据库进行拟合。投影方式为高斯－克吕格 6 度带投影，第 21 带。采用的椭球及投影参数见表 2－1。

表 2－1　椭球及投影参数表

椭球名称	WGS—1984	Beijing—1954
长半轴	6378137	6378245
扁率 α	1/298.257223563	1/298.3
第一偏心率 e^2	0.00669437999013	0.006693421622966
第二偏心率 e'^2	0.006739496742227	0.006738525414683

2.1.2　GPS 控制网

研究区测地工作所投入的测量仪器为中海达 A6 系列 GPS 接收机,物理点测量采用 GPSRTK 测量进行测点定位。GPS 网由 5 个 GPS 网点组成,GPS 网点中包含 2 个国家三角点和 3 个新建点。

GPS 控制网联测,观测时段人员统一调配,采用边 – 边连接方式测量,GPS 控制网联测 1 天分 1 个观测时段,用 5 台接收机同步观测,采用独立基线组成 GPS 控制网。野外观测工作量共 5 个 GPS 网点(图 2 – 1),按计划同步观测。

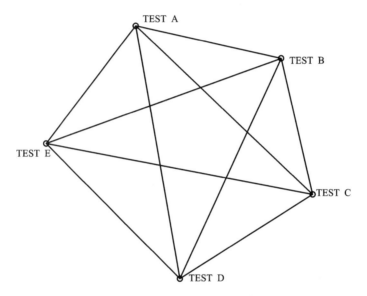

图 2 – 1　GPS 控制网联测示意图

具体观测参数如下:

数据采样间隔 15 s,卫星截止高度角大于 15°,PDOP < 8,同步观测时间 ≥ 60 min。

本次 GPS 网所使用的三角点来源于国家基础地理信息中心三角点资料(表 2 – 2)。

表 2 – 2　三角点成果简表

点名	1954 北京坐标系		高程 1956/m	对应 GPS
图幅	X/m	Y/m		网编号
城墙	4845126.71	21713820.27	228.0	GPS05
K – 51 – 12 – C				
方西地	4824717.93	21696321.45	263.4	GPS04
K – 54 – 23 – B				

2.1.3　测点观测

观测点坐标采用 RTK 实时差分放样求得，在接收不到移动信号的地方采用静态事后差分求得，确保所测点平面点位中误差 $M_s \leqslant \pm 0.5$ m，高程中误差 $M_h \leqslant \pm 0.15$ m。

对本次野外测点观测要求如下：

1. RTK 放样

采样率设置：参考站和流动站放样时间一律设置 1 s，历元数不少于 5 个；观测卫星数大于 5 颗，卫星截止高度角为 15°，PDOP < 8，要求固定解，放样用的参考站可以建立在已布设的控制点上，也可利用其他经检核的差分参考站进行放样。流动站距参考站的距离不超过 50 km。

2. 静态放样

观测时间不低于 6 min，观测卫星数大于 4 颗，数据采样间隔 15 s，卫星高度角大于 15°，PDOP < 8，测点与参考站距离控制在 50 km 内。

3. 精度要求

GPS 网测量精度按石油物探测量 GPS Ⅱ 级网要求实施：

①相邻点之间边长精度用公式 $\sigma = \sqrt{a^2 + (bd)^2}$ 表示，其中：σ 为标准差，mm；a 为固定误差，mm；b 为比例误差系数，10^{-6}；d 为相邻点间的距离，km。

②复测基线长度差：$d_s \leqslant 2\sqrt{2}\sigma$。

③同步环闭合差：$W_x \leqslant \dfrac{\sqrt{n}}{5}\sigma$，$W_y \leqslant \dfrac{\sqrt{n}}{5}\sigma$，$W_z \leqslant \dfrac{\sqrt{n}}{5}\sigma$。

④异步环闭合差：$W_x \leqslant 3\sqrt{n}\sigma$，$W_y \leqslant 3\sqrt{n}\sigma$，$W_z \leqslant 3\sqrt{n}\sigma$。

测量结果：由计算程序求出中心站的大地坐标，测点观测精度采用如下公式求取：

平面点位中误差：$M_s = \pm \sqrt{[d_x^2 + d_y^2]/2n}$

高程中误差：$M_h = \pm \sqrt{\left[d_h^2 \right]/2n}$

式中：d_x 和 d_y 为检查坐标与原测坐标的差值；d_h 为高程差；n 为测站数；$[\ ]$ 为求和符号。

测点平面点位中误差 $\leqslant \pm 0.2$ m，高程中误差 $\leqslant \pm 0.15$ m，检查率大于 5%，其他规定均按测量规范要求执行。

2.1.4　MT 数据质量评述

1. 三维 MT 电法测量

本次施工放样精度统计采用野外重复观测的方法进行，完成三维 MT 电法物理点 884 个，扩边点 254 个，测井点 4 个，检查点 61 个，复测率 5.3%（图 2 – 2）。

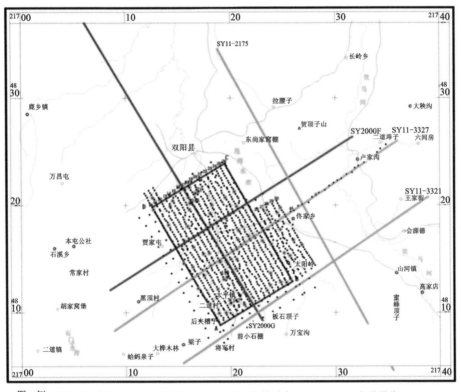

图　例　　□ 2015年三维重磁电测量范围　　◨ 2000年地震线　　◨ 2011年地震线

　　　　　　□ 三维重磁电测线及扩边点　　▣ 钻井　　● 测量检查点

图 2 – 2　双阳盆地三维 MT 电法测量检查点分布图

所完成测点观测精度为：点位中误差 ±0.18 m，高程中误差 ±0.13 m；此次物理点观测精度均优于设计精度平面小于 ±0.2 m、高程小于 ±0.15 m、复测率大于5.0%的设计要求，精度均优于规范要求。

在电法施工过程中因测线穿越城镇、村庄、高压线等，为减少人文活动等干扰源对电法资料采集的影响，经现场技术人员与现场监督实地踏勘，部分设计点确实无法正点布设。为了采集到更好的资料，对部分设计点进行了偏移布设。

2. 三维重磁测量

根据规范要求，本次施工放样精度统计采用野外重复观测的方法进行，质量检查率大于5%。实际施工中，严格按照规范要求，对测点进行了不同时段的重复观测，总施测坐标点1034个，检查点56个(图2-3)，质检率5.4%。测量检查点的点位中误差为 $M_x = \pm 0.024$ m，$M_y = \pm 0.022$ m，$M_s = \pm 0.033$ m，$M_h = \pm 0.046$ m。

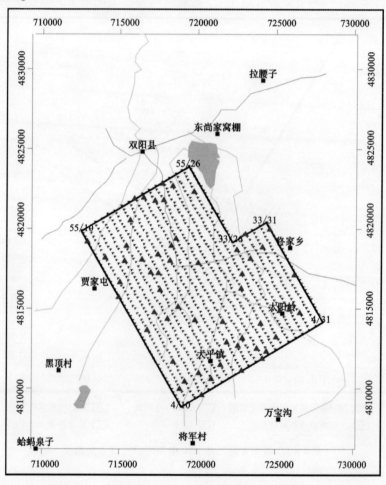

图2-3　双阳盆地三维重－磁点位测量检查点分布图

2.2 三维 MT 电法数据采集

2.2.1 仪器性能测试

为了进行仪器性能测试，我们选择了一块小树林——地面开阔平坦，周围无干扰源存在、干扰背景小的区域（东经：125°30′41″，北纬：43°30′42″）进行仪器性能试验。

1. MT 电法仪器的标定

为了确保仪器性能稳定，对投入使用的仪器及磁棒分别于开工前及收工后进行了两次标定。每台仪器、磁棒的标定曲线符合仪器出厂指标，表明仪器、磁棒的性能是稳定的，将前后两次标定对比其相对误差最大值为 1.89%，满足勘探规范的要求。仪器、磁棒标定误差统计数据见表 2 - 3、表 2 - 4，标定曲线见图 2 - 4、图 2 - 5。

表 2 - 3 V5 - 2000 仪器标定误差统计表

仪器标定误差统计表（五分量）									
仪器号	CH1		CH2		CH3		CH4		CH5	
	振幅	相位	振幅	相位	振幅	相位	振幅	相位	振幅	相位
50U - 1300	0.05	0.13	0.04	0.07	0.03	0.13	0.07	0.24	0.03	0.03
50U - 1304	0.04	0.11	0.04	0.11	0.02	0.09	0.02	0.02	0.01	0.02
50U - 1328	0.04	0.07	0.08	0.02	0.05	0.01	0.07	0.10	0.06	0.02
50U - 1347	0.04	0.07	0.08	0.02	0.05	0.01	0.07	0.10	0.06	0.02
50U - 1352	0.45	1.27	0.63	1.81	0.16	0.16	0.26	0.24	0.15	0.37
50U - 1404	0.11	0.04	0.12	0.06	0.09	0.11	0.09	0.05	0.09	0.10
50U - 1405	0.01	0.05	0.01	0.01	0.01	0.01	0.01	0.02	0.02	0.05
50U - 1408	0.05	0.13	0.05	0.13	0.06	0.13	0.08	0.24	0.11	0.24
50U - 1409	0.05	0.12	0.06	0.13	0.05	0.14	0.07	0.15	0.12	0.31
50U - 1472	0.03	0.12	0.03	0.14	0.03	0.12	0.02	0.12	0.02	0.10

仪器标定误差统计表（二分量）								
仪器号	CH1		CH2		仪器号	CH1		CH2	
	振幅	相位	振幅	相位		振幅	相位	振幅	相位
50E - 1003	0.3	0.98	0.2	0.27	50E - 1355	0.03	0.04	0.03	0.06

续表 2 - 3

50E - 1061	0.01	0.01	0.01	0.01	50E - 1356	0.03	0.11	0.05	0.12
50E - 1141	0.03	0.02	0.03	0.11	50E - 1357	0.44	0.12	0.31	0.75
50E - 1142	0.06	0.24	0.05	0.11	50E - 1358	0.02	0.02	0.03	0.02
50E - 1143	0.04	0.06	0.03	0.03	50E - 1360	0.04	0.07	0.05	0.11
50E - 1145	0.03	0.07	0.03	0.11	50E - 1361	0.01	0.04	0.03	0.07
50E - 1146	0.03	0.14	0.04	0.14	50E - 1362	0.01	0.02	0.02	0.05
50E - 1148	0.02	0.01	0.03	0.12	50E - 1363	0.01	0.04	0.01	0.02
50E - 1176	0.05	0.15	0.05	0.12	50E - 1366	0.02	0.05	0.01	0.03
50E - 1195	0.07	0.28	0.06	0.22	50E - 1367	0.36	0.59	0.08	0.21
50E - 1223	0.01	0.02	0.01	0.05	50E - 1371	0.05	0.15	0.03	0.06
50E - 1299	0.01	0.02	0.01	0.05	50E - 1373	0.03	0.04	0.03	0.06
50E - 1317	0.02	0.11	0.02	0.11	50E - 1374	0.01	0.01	0.01	0.02
50E - 1329	0.02	0.11	0.03	0.12	50E - 1399	0.01	0.04	0.02	0.06
50E - 1331	0.31	0.98	0.12	0.38	50E - 1451	0.01	0.01	0.01	0.02
50E - 1348	0.2	0.13	0.41	0.99	50E - 1569	0.04	0.14	0.05	0.23
50E - 1349	0.02	0.01	0.02	0.05	50E - 1700	0.09	0.12	0.31	0.94

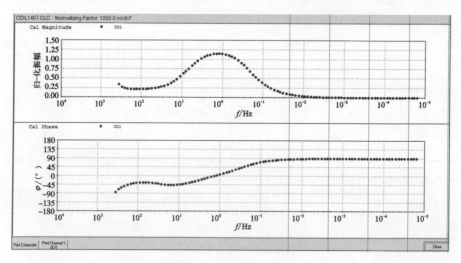

图 2 - 4　磁棒标定曲线

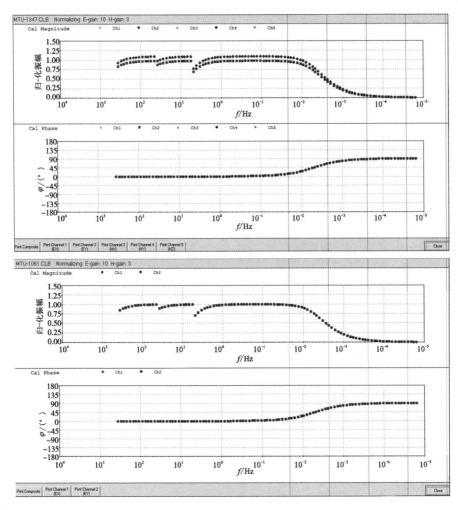

图 2 - 5 V5 - 2000 系列五分量、二分量仪器标定曲线

表 2 - 4 磁棒标定误差统计表

磁棒标定误差统计表					
仪器号	振幅误差 /%	相位误差 /%	仪器号	振幅误差 /%	相位误差 /%
50C - 1123	1.11	0.83	50C - 1602	1.54	0.72
50C - 1331	1.38	1.44	50C - 1605	1.55	0.85
50C - 1405	1.89	1.54	50C - 9501	1.77	0.78
50C - 1407	1.71	0.87	50C - 9502	1.77	1.06
50C - 1410	1.7	1.2	50C - 9503	1.68	1.35

2. 仪器一致性对比

为了确定各台仪器的工作状态，所有仪器在投入生产前（工前）和收工后进行了一致性对比性能测试，每台仪器所获得的视电阻率、相位曲线形态一致，从仪器开工前及收工后一致性对比均方相对误差统计表（见表 2－5）中可以看出，投入使用的仪器一致性对比的均方误差工前最大值为 4.57%，工后最大值为 4.47%，满足设计小于 5% 的要求，说明本次野外数据采集投入使用的仪器具有良好的一致性，采集到的资料可以进行统一处理解释。

表 2－5 仪器工前工后一致性对比均方相对误差统计表

序号	仪器号	工前					工后				
		振幅	相位	振幅	相位	振幅	相位	振幅	相位	振幅	相位
1	1003	2	1.26	2.21	0.73	1.55	3.62	2.78	3.55	1.06	2.75
2	1061	2.24	3.36	4.44	1.33	2.84	4.18	3.72	3.15	1.05	3.02
3	1141	3.88	2.07	4.04	0.39	2.59	3.34	2.61	3.32	1.01	2.57
4	1142	1.63	2.57	4.63	0.19	2.26	3.37	2.8	3.39	0.89	2.61
5	1143	2.82	2.87	1.9	0.34	1.98	2.94	3.77	3.55	0.85	2.78
6	1145	3.5	2.13	2.66	0.31	2.15	3.65	4.41	3.66	0.67	3.1
7	1146	3.16	2.49	2.42	0.32	2.1	3.46	4.09	3.97	1.11	3.16
8	1148	3.64	2.28	2.33	0.37	2.16	3.36	3.18	3.32	0.92	2.69
9	1176	2.6	1.92	4.12	0.27	2.23	3.4	3.41	3.93	1	2.93
10	1195	4	2.97	3.95	0.39	2.83	3.04	3.7	3.64	0.95	2.83
11	1223	3.43	2.4	3.01	0.75	2.4	3.37	3.4	3.37	0.91	2.76
12	1299	4.04	2.38	4.02	0.55	2.75	3.92	3.52	3.61	1.96	3.25
13	1300	2.44	2.28	2.23	0.46	1.85	3.03	3.19	4.06	0.8	2.77
14	1304	1.81	1.63	3.28	0.37	1.77	3.78	3.94	3.25	0.91	2.97
15	1317	2.11	2.39	3.67	0.53	2.18	3.45	2.64	3.52	0.93	2.64
16	1328	2.25	3.15	2.95	1.11	2.36	3	4.22	4.26	0.72	3.05
17	1329	3.68	2.91	4.99	0.84	3.11	3.09	3.45	3.9	0.89	2.83
18	1331	3.78	2.34	4.68	1.74	3.14	3.63	2.79	3.62	0.9	2.73
19	1347	2.55	1.88	3.7	0.12	2.06	3.25	3.53	3.48	0.92	2.8
20	1348	2.85	2.61	3.92	0.61	2.5	3.31	3.37	3.64	0.89	2.8

续表 2 – 5

序号	仪器号	工前					工后				
		振幅	相位	振幅	相位	振幅	相位	振幅	相位	振幅	相位
21	1349	4.23	2.53	2.64	0.34	2.44	3.55	4.02	3.46	0.84	2.97
22	1352	3.54	2.45	4.18	0.55	2.68	2.81	3.35	3.61	1.11	2.72
23	1355	2.89	2.39	2.25	0.31	1.96	3.08	3.14	3.19	2.11	2.88
24	1356	2.85	1.45	2.5	0.34	1.78	3.98	4.11	3.6	0.96	3.16
25	1357	3.72	2.07	2.54	0.31	2.16	3.59	4.47	3.4	0.82	3.07
26	1358	3.39	2.3	2.58	0.76	2.26	3.64	3.48	3.26	0.78	2.79
27	1360	3.98	1.88	2.56	0.31	2.18	3.61	3.67	3.91	1.36	3.14
28	1361	2.03	2.18	3.81	0.13	2.04	3.75	3.68	3.46	0.77	2.91
29	1362	2.36	2.23	4.57	0.2	2.34	3.59	4.15	3.81	1.18	3.18
30	1363	3.41	2.17	2.47	0.76	2.2	3.23	3.97	4.06	1.05	3.08
31	1366	2.64	1.8	3.99	0.74	2.29	3.51	3.36	3.48	0.82	2.79
32	1367	2.3	2.23	3.6	0.19	2.08	3.76	3.4	3.66	0.84	2.92
33	1371	2.8	1.28	2.47	0.32	1.72	3.56	3.9	3.57	1.24	3.07
34	1373	4.8	1.92	3.59	1.74	3.01	3.17	3.76	3.3	0.64	2.72
35	1374	3.51	1.88	2.15	0.22	1.94	2.85	3.7	3.57	0.74	2.72
36	1399	1.75	2.26	3.64	0.2	1.96	3.45	3.54	3.78	0.72	2.87
37	1404	2.47	2.56	3.64	0.27	2.24	1.82	2.05	1.83	0.47	1.54
38	1405	3.02	2.1	2.8	0.87	2.2	4.03	3.62	3.69	0.75	3.03
39	1408	2.49	2.07	4.47	0.87	2.48	2.82	2.64	3.86	0.86	2.55
40	1409	3.27	2.29	3.09	0.26	2.23	3.01	3.41	3.39	0.9	2.68
41	1451	3.09	2.35	1.97	0.26	1.92	3.83	4.83	3.53	0.72	3.23
42	1472	2.89	2.66	3.22	0.7	2.37	2.99	3.05	3.56	0.76	2.59
43	1569	3.29	2.31	2.46	1.07	2.28	3.09	3.47	4.04	0.83	2.86
44	1700	3.05	3.07	3.48	1.08	2.67	3.33	4.28	3.56	0.97	3.04
总一致性误差		3.09	2.32	3.38	0.68	2.37	3.39	3.58	3.58	0.99	2.89

2.2.2 远参考站的选取

为了消除野外资料的磁场噪声和电磁相关噪声，本次施工中所有测点需进行远参考方式或互参考方式处理，以提高野外采集资料的品质。

本次远参考站布设于黑龙江省木兰县柳河镇三星村村西的一块小树林中（东经：127°40′14″，北纬：46°01′56″），交通位置如图2－6所示。远参考点附近无干扰源，距离测区中心310 km。满足 SY/T 6289－2006《连续电磁剖面法勘探技术规程》中三维电法的要求。远参考站布置的 MT 资料曲线见图2－7，曲线形态优美，连续性好，符合远参考的要求，可以做电 MT 法数据采集的远参考使用。

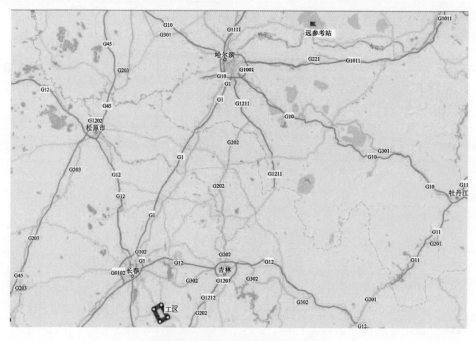

图 2－6 远参考站交通位置示意图

（引自 Baidu－GS（2015）2650 号）

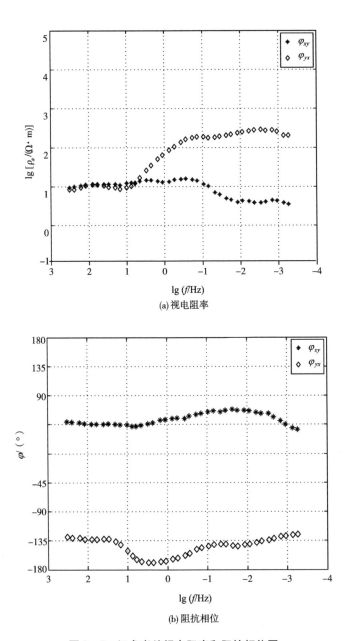

(a) 视电阻率

(b) 阻抗相位

图 2 – 7 远参考站视电阻率和阻抗相位图

2.2.3 信号采集方法试验对比

为了获得适宜研究区内的可信数据采集参数，更好地指导野外数据采集，根据工区三维 MT 电法勘探的具体情况，在做一致性实验的地方分别进行了极距试验和采集时长试验。

1. 极距试验

在测区进行了极距为 50 m、100 m、150 m、200 m 的同步观测，观测点地形平缓，附近无干扰。

几种方式曲线形态基本一致，以 200 m 的采集数据作为参考，分别将 50 m、100 m 和 150 m 的采集数据与 200 m 采集数据作误差统计，结果见表 2－6。

表 2－6　极距对比误差统计表

电极距/m	均方相对误差表/%			
	视电阻率 ρ_{xy}	阻抗相位 φ_{xy}	视电阻率 ρ_{yx}	阻抗相位 φ_{yx}
50	1.53	0.58	1.75	0.24
100	1.58	0.69	1.53	0.23
150	1.99	0.72	1.90	0.23

从采集的资料的质量情况来看，四种极距所采集的资料质量均能取得优良的原始曲线。通过曲线及误差对比，可以得出如下的结论：

（1）三维 MT 电法野外数据采集时，电极距大于 50 m 获得的资料质量可信。

（2）为了保证输入仪器信号的强度，在地形平坦地区布设 100 m 左右的极距，在山区、强电磁干扰等地区，布设不低于 50 m 的极距。

2. 时长对比试验

为了确定三维 MT 电法勘探仪器最佳的野外数据记录时间，分别对采集时间大于 12 h 的资料进行了 6 h、8 h、10 h、12 h 的截取，得到视电阻率曲线和相位曲线。经试验结果对比可知，大于 12 h 采集时间的试验资料，曲线品质最好，因此，以大于 12 h 的曲线数据为标准，分别与采集时长为 6 h、8 h、10 h 的曲线数据进行误差统计，结果列于表 2－7。

表 2 – 7 时长对比试验误差统计表

时长/h	均方相对误差/%			
	视电阻率 ρ_{xy}	阻抗相位 φ_{xy}	视电阻率 ρ_{yx}	阻抗相位 φ_{yx}
6	4.29	2.42	4.40	0.71
8	2.67	2.28	2.61	0.67
10	2.77	1.81	2.99	0.68

从上表中可得出如下结论：

(1)随着采集时间的延长，原始曲线品质有所提高。

(2)6 h 的采集数据可以观测到全频点，曲线品质自评为良好，但部分频点叠加次数较少，离差较大。

(3)采集时长大于 8 h(含 8 h)，可以观测全频点，且采集的曲线品质明显优于 6 h，因此在保证取得满足地质解释需要的资料品质下安全高效生产，在本区内采用不低于 8 h 的野外观测记录时间。

(4)在资料难以取得好品质的测线段，以及干扰地段，我们将采用延长观测时间，增加有效频点的叠加次数，以提高资料品质。

2.2.4 三维数据采集

1. 测点布设

三维采集以面元为单位进行，观测以面元为单位向前展开。依据观测装置和地形不同可按规则和不规则布设进行采集。

(1)规则面元采集：规则面元方式的各测点位于田字形网格节点处，9 个测点为一单元，进行同步采集，中心测点采集四分量(E_x、E_y、H_x、H_y)，周围点采集两个分量(E_x、E_y)，共用中心点的磁场分量，面元内的各道与参考站之间的测点的磁场分量利用 GPS 卫星控制同步采集。规则面元采集观测装置如图 2 – 8 所示。

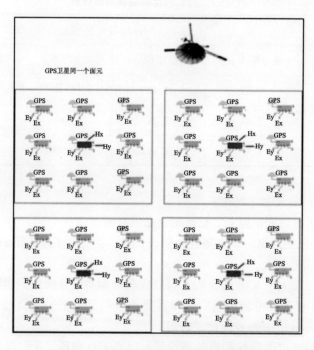

图 2 – 8　规则面元采集观测装置示意图

　　(2)不规则面元采集：测点在面元内自由布设。要求电－磁采集系统的布设方向一致，每个面元内的电－磁采集站数可根据仪器系统和地形情况而定，至少布设一个磁采集站，如图 2 – 9 所示。

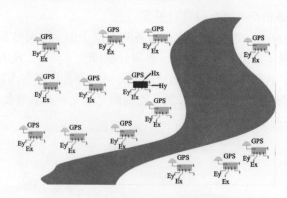

图 2 – 9　不规则面元采集观测装置示意图

（3）在地形允许的情况下，为了取得高质量的电法资料，测点应选择在地势开阔、地形平坦、土质均匀的地段，尽量避开陡峭山顶或狭窄沟谷，以防引起畸变。

（4）遇到村庄、厂矿、公路、铁路、高压线等干扰区域，应进行适当的偏移，保证 E_x 和 E_y 的 AC 电压尽量低于 20 mV/100 m，提高资料的采集质量。

（5）保持测网基本规则，测线尽量成直线，测点尽可能均匀分布。遇到干扰区域和困难地段，应报甲方同意后，进行有规律的偏移，避免测线成锯齿状。

2. 布极工作

（1）野外施工采用张量观测方式，每一面元内必须布设一组磁站。布极方位误差≤10′，极距误差小于 1%，同一面元内的 E_x 与 H_x 平行，E_y 与 H_y 平行；

（2）电极和磁棒布设采用森林罗盘仪定向，测绳量距；当天然信号较弱时，为提高信噪比，应当加大电极距，以保证观测质量。每对电极的高差小于电极距 10%，极距误差小于 1%；

（3）电极埋入土中 20～30 cm 以下，保持与土壤接触良好，接地电阻必须小于 2 kΩ，两对电极埋设条件基本相同。禁止埋设在树根、流水、公路边及沟、坎边，防止采集的数据畸变；

（4）磁棒埋入土中保持水平，埋深不小于 30 cm，各磁棒方位偏差应不大于1.5°，两磁棒间的距离大于 10 m，其端点距中心点 8～10 m，埋置后均用土压实，保证磁棒与土壤接触良好、稳定；

（5）电极、磁棒的联线及接入仪器的电缆均不能悬空，沿地面压实，防止晃动。同时做好其防雨、防潮工作；

（6）布极完毕后，有专人检查布极是否正确，连线是否牢固，各项工作应满足大地电磁勘探规范的要求。

3. 信号采集

（1）根据采集时间的试验结果确定最合适的记录时间，进行记录。在干扰区及信号较弱时应延长观测时间，增加有效叠加次数；

（2）最大限度地设置子功率谱（xpr）数，提高干扰信号时段的分辨率，以便有效地剔除干扰严重的子功率谱（xpr）；

（3）全区所有测点使用相同的频率范围，观测记录频带为 0.001～320 Hz；

（4）野外班报表及仪器参数记录应准确全面，不得随意涂改，需对测点周围主要地形、地物、干扰源进行描述；

（5）全测区全面实施固定站远参考及互参考方法。远参考站在施工期进行全天候连续记录，远参考站远离工区；

（6）施工期间按规范要定期对仪器进行标定、维护和检修，确保仪器在正常状态下工作。

4.现场处理

（1）测点需进行远参考方式或互参考方式处理，如图 2 – 10 所示；

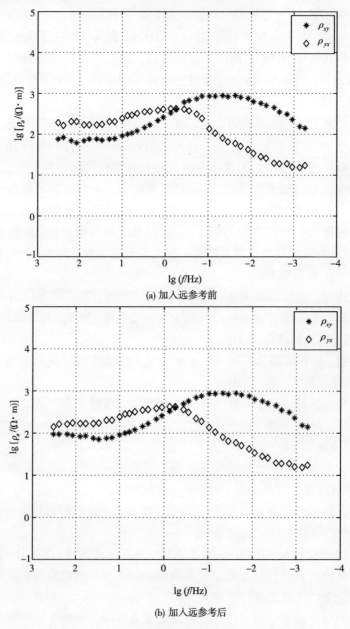

(a) 加入远参考前

(b) 加入远参考后

图 2 – 10　加入远参考前后视电阻率曲线对比

（2）测点均采用罗伯斯特（Robust）技术处理；

（3）子功率谱（xpr）选择原则：选择电阻率振幅、相位接近众值的子功率谱

（xpr）、标准离差较小的子功率谱（xpr）、不会使整条曲线产生突变点的子功率谱（xpr）。子功率谱选择前后曲线如图 2 – 11 所示；

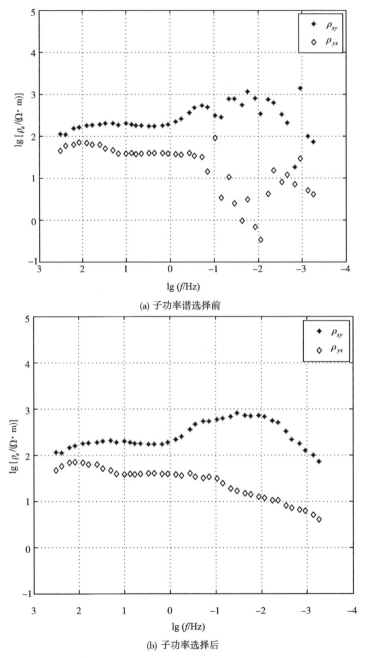

(a) 子功率谱选择前

(b) 子功率选择后

图 2 – 11　子功率谱选择前后视电阻率曲线对比

（4）应认真分析视电阻率、阻抗相位曲线，以及 E_x、E_y、H_x、H_y 的相关度等评价数据质量的参数，严把质量关，发现问题及时反馈到野外采集组并立即整改；

（5）注意分析测点曲线类型及沿测线的横向变化特征，对曲线特征发生突变的点，需查明原因，排除各种人为因素造成的错误；

（6）注意分析测线间视电阻率断面特征的对比性，发现异常情况应认真分析原因，确认其是否真正反映客观的地质构造特征；

2.2.5 数据质量评述

本次野外采集的所有测点的有效频点的个数不少于 38 个，观测到 40 个频点的测点的点数为 1131 个，占测点总数的 99.1%。平均观测时间为 9.45 h，最长观测时间为 11.28 h，最短观测时间为 8.17 h。

通过对野外资料的初步处理，得到了每个测点相应的视电阻率、相位等参数曲线，野外采集的资料质量情况良好，大体概括如下：

①测点曲线形态变化连续，光滑程度高，离差小，曲线形态清楚，无明显扭曲现象；

②每一测点的起始频段和低频段采集充分，完全满足设计要求，能充分反映地下各电性标志层的情况。

对于 XY、YX 模式的频率 – 电阻率曲线和频率 – 相位曲线进行质量评价，三支以上（包括三支）曲线形态完整，连续性好，38 个频点以上误差棒小于 20% 为 I 级品点。对完成的 1057 个坐标点进行质量评价，资料采集质量为 I 级品的点有 969 个，优质品率为 91.5%，II 级品 88 个，占总坐标点数 8.5%，合格率为 100%，均优于勘探规范要求。II 级品点主要是因为城镇、高压线干扰等因素造成的，II 级品点分布如图 2 – 12 所示。

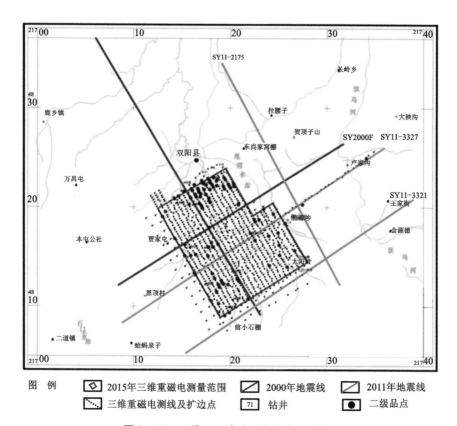

图 例　　◇ 2015年三维重磁电测量范围　　▨ 2000年地震线　　▨ 2011年地震线
　　　　　〴 三维重磁电测线及扩边点　　⬚71 钻井　　◉ 二级品点

图 2－12　三维 MT 电法 II 级品点位分布图

2.3　三维重力数据采集

2.3.1　重力仪性能测试

1. 格值标定

本次使用的 1 台带格值表的 LCR－G 型(G－1215#)及 2 台带格值表的贝尔雷斯型(D－048#、D－056#)重力仪，其格值均在有效的标定时间内，符合本次施工要求，无需进行格值标定。另两台 D－095#，D－096#重力仪，在开始进行仪器试验前，于 2015 年 6 月 18 日在南京紫金山天文台国家格值标定场进行过格值标定工作。D－095#格值变化的相对均方误差为 ±0.00004；D－096#格值变化的相对均方误差为 ±0.00011，满足规范和设计要求，仪器性能稳定。

2. 纵、横水泡位置与光线灵敏度调节与测定

开工、收工前对重力仪的水泡位置进行了调节和测定，使其达到规范要求，

纵横水泡试验测定如图 2－13 和图 2－14 所示。

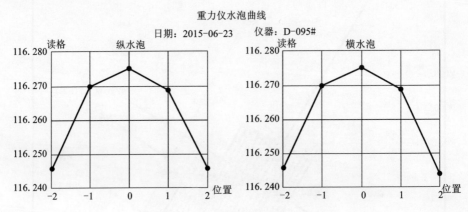

图 2－13　开工前重力仪水泡实验曲线

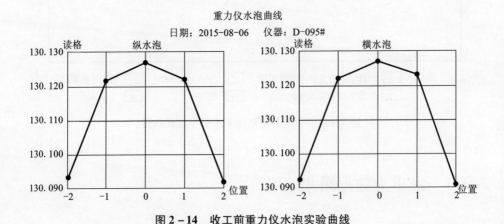

图 2－14　收工前重力仪水泡实验曲线

3. 静态试验

重力仪静态试验开工前在吉林通化县森茂宾馆进行，收工前在吉林双阳县仕家宾馆进行。试验数据经固体潮改正后的零点位移曲线呈近似线性变化（图 2－15 和图 2－16），开工前最大零点漂为 -0.035×10^{-5} m/s^2；收工前最大零点漂为 -0.036×10^{-5} m/s^2，满足规范要求。

4. 动态试验

重力仪动态试验开工前在通化县至二密镇的公路边进行，收工前在双阳至太平镇路边各选择 18 个试验点进行动态试验，试验时间超过 10 h。试验点间的段差大于 3×10^{-5} m/s^2，动态试验掉格曲线见图 2－17 和图 2－18。

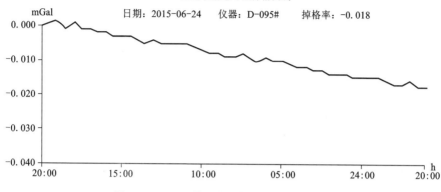

图 2 - 15　开工前重力仪静态零点掉格曲线

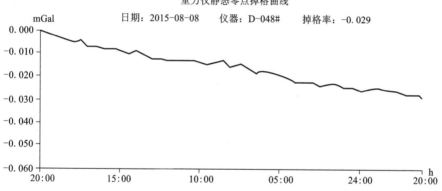

图 2 - 16　收工前重力仪静态零点掉格曲线

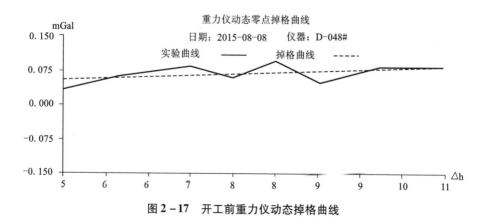

图 2 - 17　开工前重力仪动态掉格曲线

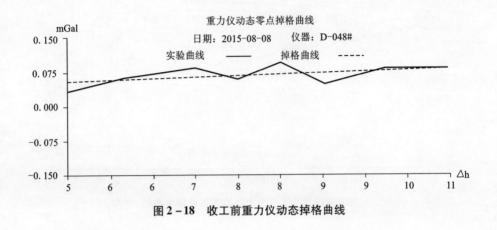

图2-18 收工前重力仪动态掉格曲线

开工前动态观测精度最大为 $0.013 \times 10^{-5} \mathrm{m/s^2}$、收工前动态观测精度最大为 $0.015 \times 10^{-5} \mathrm{m/s^2}$（设计要求小于 $0.025 \times 10^{-5} \mathrm{m/s^2}$），满足规范要求。

5. 一致性试验

在动态试验点上进行了一致性观测试验，采用动态数据计算仪器一致性精度。开工前一致性观测精度为 $\pm 0.013 \times 10^{-5} \mathrm{m/s^2}$、收工前一致性观测精度为 $\pm 0.023 \times 10^{-5} \mathrm{m/s^2}$，满足规范要求。试验结果及一致性曲线见图2-19和图2-20。

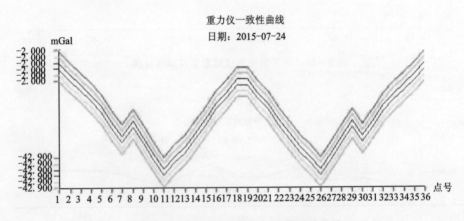

图2-19 开工前重力仪一致性试验曲线

6. 试验精度

各项计算所采用的中心经纬度：通化中心经纬度为东经 125°14′58″、北纬 41°26′41″，双阳中心经纬度为东经 125°40′14″，北纬 43°28′25″；潮汐因子采用平均值 1.16。各试验结果见表2-8。

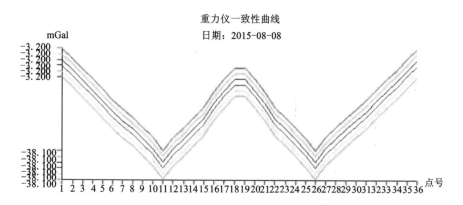

图 2–20 收工前重力仪一致性试验曲线

表 2–8 重力仪试验精度统计一览表

仪器号	设计要求	工前		工后	
		静态(掉格)	动态	静态(掉格)	动态
D – 095#	静态:±0.040 动态:±0.025	– 0.018	± 0.006	– 0.032	± 0.009
D – 096#		– 0.035	± 0.008	– 0.023	± 0.015
D – 175#		– 0.025	± 0.013	– 0.036	± 0.010
B – 048#		– 0.024	± 0.013	– 0.029	± 0.015
G – 1215#		– 0.026	± 0.004	– 0.023	± 0.010
B – 056#		0.027	± 0.006	0.037	± 0.010
一致性		± 0.013		± 0.023	

2.3.2 重力基点网建立

绝对重力值由国家 2000 重力系统长春引点(3014)引入研究区,该引点位于长春市净月潭国家森林公园中科院天文台人造卫星观测站内,重力值为 $980467.093 \times 10^{-5} \text{m/s}^2$。本次双阳盆地勘探共建重力基点 4 个(图 2–21)。

基点网联测布设 1 环,各边有三个独立增量。采用三程循环法进行联测。基点网平差按结点条件平差法(解方程)进行,以平差后精度作为本次重力基点网精度。

重力基点布设均在地基稳定处,作好标志,拍摄照片,并提供了重力基点点

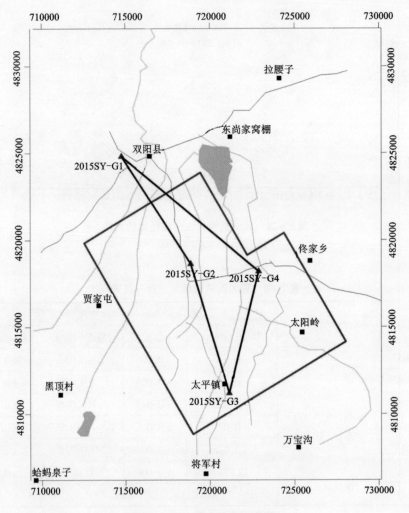

图 2 – 21 重力基点示意图

志记录。基点编号：SY2015—GX（SY 为"双阳"汉语拼音缩写，2015 为年号，X 为基点序号，X = 1，2，3，…）。

从本次重力基点网联测、平差情况分析，各个边段联测精度较高，从而保证了整网精度。基点网分布合理，环闭合差：$0.002 \times 10^{-5} \mathrm{m/s^2}$；边段联测总精度：$\pm 0.006 \times 10^{-5} \mathrm{m/s^2}$（设计要求：$\pm 0.020 \times 10^{-5} \mathrm{m/s^2}$）；基点网平差精度：$\pm 0.001 \times 10^{-5} \mathrm{m/s^2}$（设计要求：$\pm 0.030 \times 10^{-5} \mathrm{m/s^2}$）。基点重力值见表 2 – 9，重力基点网精度满足设计要求。

表 2 - 9　基点重力值一览表　　　　　　　　　　　　单位：10^{-5}m/s^2

点号	基点坐标		重力值
3014	43°47′45.25″	125°27′49.57″	980467.093
SY2015 - G1	43°31′39.46″	125°39′27.31″	980427.655
SY2015 - G2	43°28′15.39″	125°42′20.33″	980417.595
SY2015 - G3	43°24′12.13″	125°43′50.77″	980414.342
SY2015 - G4	43°27′57.21″	125°45′18.73″	980418.911

2.3.3　重力点观测与检查

重力测点采用单次观测法，按基点—测点—基点顺序进行观测，基点三次读数，两次早基点观测之间的时间差均达到 10 min。测点和检查点均采用了两次读数观测方式进行(图 2 - 22)，两次读数间的差值不大于 0.005 格。零点掉格均在 $\pm 0.100 \times 10^{-5}\text{m/s}^2$ 内，最大零点掉格绝对值小于 $0.100 \times 10^{-5}\text{m/s}^2$，以保证资料的品质。

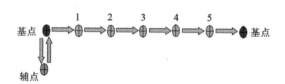

图 2 - 22　重力测点观测方式示意图

重力检查采用"一同三不同"的方法(同一测点、不同仪器、不同操作员、不同日期)进行，检查点基本均匀分布于研究区。

重力测点点位选在地形开阔平坦的地方，尽量避开河堤、悬崖等近区地形影响较大的地方。在地形复杂、起伏较大或选点工作无法避开地形影响的地段，进行近区八方位高程数据测量。

重力野外记录字迹清晰工整，注记齐全，没有涂改、擦改、就字改字或连环划改等现象，记录的页面较清洁，记录的页数完整。

2.3.4　重力内业计算

重力测量原始观测记录手簿需进行 100% 的检查，确认无误后再进行室内计算，计算结果打印后再经过 100% 的校核，然后装订成册。重力计算进行六项校正，即：固体潮校正、零点掉格校正、布格校正、正常场校正、基点校正和地形校正。

1）固体潮校正

采用国家地震总局预报中心郗钦文所著文章中的计算公式（郗钦文，1982），按时间计算观测点的固体潮影响值并加以校正，以测区的地理中心位置计算，中心坐标为东经131°09′、北纬45°51′，潮汐因子采用平均值1.16。

2）零点掉格校正

每一工作单元起闭基点早、晚两次读数的重力值之差校正，剔除固体潮校正值以后即为零点校正值。计算校正系数，然后按观测时间进行线性校正：

$$K = \frac{\delta'_g - \delta_g}{t' - t} \qquad (2-1)$$

式中：K 为每分钟掉格校正系数，$10^{-5}\,\mathrm{m/s^2}$；δ'_g 为普通观测时终止基点与起始基点重力差，$10^{-5}\,\mathrm{m/s^2}$；δ_g 为终止基点与起始基点已知重力差，$10^{-5}\,\mathrm{m/s^2}$；t' 和 t 分别为在起始基点和终止基点上的观测时间，min。

3）布格校正

布格校正计算公式如下：

$$\Delta g_b = \left[0.3086(1 + 0.0007\cos2\varphi) - 0.72 \times 10^{-7}H - 0.419\sigma \times 10^{-3}\left(1 + \frac{R}{H} - \sqrt{1 + \frac{R^2}{H^2}}\right) \right]H$$

$$(2-2)$$

式中：Δg_b 为布格校正值，$10^{-5}\,\mathrm{m/s^2}$；H 为测点海拔高程，m；σ 为中间层平均密度，取 $2.67\,\mathrm{g/cm^3}$；R 为地形改正最大半径，$166700\,\mathrm{m}$；φ 为测点地理纬度，$(°)$。

4）正常场校正

采用第十七届国际大地测量和地球物理联合会（IUGG）通过的、由国际大地测量协会（IAG）推荐的 1980 年大地测量参考系统中的正常重力公式，即按下式计算大地水准面上的重力值。

$$r_0 = 978032.7(1 + 0.0053024\sin2\varphi - 0.0000058\sin^2 2\varphi) \qquad (2-3)$$

式中：r_0 为正常场重力值。

5）基点校正

由于每一工作单元的起、闭基点有可能为不同的基点，所以必须进行基点校正，其方法是将起闭基点的重力值代入每一工作单元中的早校、晚校与零点掉格校正同时进行。

6）地形校正

为保证地改效果，本工区地形改正半径设为（0～166.7 km），采用国家高程数据库进行地改，利用方域公式计算，精度要求见表 2-10。

表 2 – 10 重力地形校正误差分配表 单位：10^{-5}m/s^2

地形校正均方误差	近区(0 ~ 20m)	中区(20 ~ 500m)	远区(500 ~ 1667000m)
0.060	0.020	0.045	0.030

①0 ~ 20 m 为近区地改：

采用野外实测相对高差计算地形改正值，计算公式为：

$$\Delta g_i = G\rho_t D\left[\lambda - \frac{1}{\sqrt{B}}\ln\frac{C + B + \sqrt{AB + 2BC + B^2}}{C + \sqrt{AB}}\right] \qquad (2-4)$$

式中：ρ_t 取 2.67 g/cm³；$A = a^2 + 1$，$B = b^2 + 1$，$C = ab$，$a = h_1/D$，$b = (h_2 - h_1)/D$，$\lambda = \ln(1 + \sqrt{2})$；$\Delta g_i$ 为过测点在测线方向或其垂直方向上的每个三角形的改正值，10^{-5}m/s^2；D 为方形域的半边长，m；h_1 为方形域四条边中点上的高程，m；h_2 为方形域四个角点上的高程，m。

通过公式求出测点近区，然后逐点改正。

②中远区地形改正(20 m ~ 166.7 km)：

中区(20 ~ 500 m)：利用 1:10000 数字化地形图，采用地调局发展研究中心提供的 1:50000 中远区地改计算程序计算地改值。

远区Ⅰ(500 m ~ 20 km)：利用 1:50000 数字化地形图，采用地调局发展研究中心提供的 1:50000 中远区地改计算程序计算地改值。

远区Ⅱ(20 ~ 166.7 km)：利用 1:250000 数字化地形图或航片，采用地调局发展研究中心提供的 1:50000 中远区地改计算程序计算地改值。

地形改正的误差，近区采用野外检查的方法进行统计；中远区采用移动方格网节点的方法进行检查，检查率不小于 5%。

7）测点布格重力异常值计算

测点经各种校正后的布格重力异常值按下式计算：

$$\Delta g = g + \Delta g_b - r_0 + \Delta g_t \qquad (2-5)$$

式中：Δg 为布格重力异常值，10^{-5}m/s^2；g 为测点重力绝对值，10^{-5}m/s^2；Δg_b 为布格校正值，10^{-5}m/s^2；r_0 为正常重力值，10^{-5}m/s^2；Δg_t 地形校正值，10^{-5}m/s^2。

8）重力测量数值取位的规定

各项野外观测读数时间取至 min。

各项改正、布格重力异常值、精度统计均取至 $0.001 \times 10^{-5} \text{m/s}^2$。

2.3.5 重力数据质量评述

重力实测坐标点 1034 个（设计坐标点 1034 个），完成设计工作量的 100%。质量检查点 56 个，质检率 5.4%（设计大于 5%），且检查点做到了空间上均匀分布，确保了采集资料的可靠性。检查点的分布情况如图 2 – 23 所示，检查点的各项精度指标见表 2 – 11。

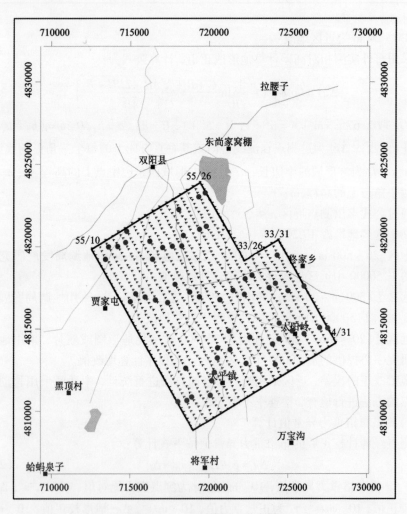

图 2 – 23 重力检查点分布图

表 2 – 11　重力测量精度统计表　　　单位：$10^{-5}\mathrm{m/s^2}$

项目	基点网精度	测点检查精度	正常场改正精度	布格改正精度	地形校正精度	重力异常精度
设计要求	± 0.025	± 0.055	± 0.030	± 0.030	± 0.015	± 0.080
实际精度	± 0.001	± 0.031	± 0.001	± 0.009	± 0.015	± 0.036

　　重力测量野外采集区共 36 个工作单元，最大仪器零漂 $-0.098\times10^{-5}\mathrm{m/s^2}$（设计最大仪器零漂 $0.100\times10^{-5}\mathrm{m/s^2}$）。每个单元工作均小于 10 h。检查点最大直接差为 $-0.072\times10^{-5}\mathrm{m/s^2}$。本次野外数据采集的各项精度指标均满足和优于《施工设计》要求，质量可靠。

2.4　三维磁力数据采集

2.4.1　磁力仪性能试验

　　根据中国石油天然气总公司颁布的 SY/T5771 – 2004《地面磁法勘探技术规程》（后面简称《规范》）要求，在开工、收工前对参加野外数据采集的 9 台磁力仪严格按照规程中有关要求进行了仪器性能的调试、测定与试验工作。磁力仪器性能调节、测定和试验工作共进行了四项。

1. 探头高度试验

　　开工前，在研究区内选择了一条长约 200 m 剖面，点距 10 m，用四个不同探头高度各进行一次往返观测（图 2 – 24）。

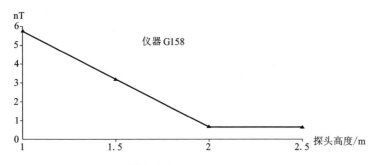

图 2 – 24　探头高度试验

本次研究区磁力仪的探头高度采用 2.0 m。在外业施工期内保持不变,其误差不超过探头高度的 1/10。

2. 噪声水平测定

2015 年 6 月 27 日和 7 月 21 日在工区进行了工前噪声水平测定,仪器间作秒级同步观测,循环取数时间为 10 s。利用《规范》中的噪声均方根误差公式计算出仪器的噪声精度,工前仪器的最大噪声为 ±0.48 nT。2015 年 8 月 7 日在工区进行了工后噪声水平测定,工后仪器的最大噪声为 ±0.56 nT。磁力仪试验精度统计见表 2 - 12。

3. 观测误差试验

2015 年 6 月 27 日和 7 月 21 日在工区进行了工前观测误差试验。单程测点数 50 个,进行往返观测,工前仪器观测最大误差为 ±0.83 nT。2015 年 8 月 7 日在工区进行了工后观测误差试验。单程测点数 50 个,进行往返观测,工后仪器观测最大误差为 ±0.69 nT。磁力仪试验精度统计表见表 2 - 12。

4. 一致性试验

开工、收工前在工区内选择了一处浅层干扰小且无人文干扰的场地进行仪器一致性试验(与观测误差试验同一场地)。单程测点数 50 个,进行往返观测,仪器一致性用总观测均方根误差衡量,采用下式计算:

$$\varepsilon_2 = \pm \sqrt{\frac{\sum_{i=1}^{2N}\sum_{j=1}^{M} v_{i,j}^2}{2M \cdot (N-M)}} \qquad (2-6)$$

式中:ε_2 为仪器一致性均方根误差,nT;$v_{i,j}$ 为第 j 台仪器在 i 点往或返的观测值与所有仪器在该点观测值的平均值之差,nT;M 为仪器台数;N 为观测点数。

仪器一致性总精度详见磁力仪试验精度统计如(表 2 - 12)。开工前为 ±0.59 nT。收工前为 ±0.49 nT,如图 2 - 25 和图 2 - 26 所示。

表 2 - 12 磁力仪试验精度统计表　　　　　　　　单位:nT

仪器号	工前			工后		
	噪声	观测误差	系统误差	噪声	观测误差	系统误差
G124	±0.24	±0.59	-0.03	±0.39	±0.35	-0.31
G158	±0.20	±0.48	-0.07	±0.39	±0.69	-0.66
G387	±0.35	±0.64	0.04	±0.50	±0.35	-0.17
G391	±0.48	±0.72	-0.06	±0.48	±0.43	0.39
G457	±0.44	±0.69	-0.05	±0.47	±0.36	-0.50
G458	±0.38	±0.72	0.12	±0.45	±0.38	0.62

仪器号	工前			工后		
	噪声	观测误差	系统误差	噪声	观测误差	系统误差
G677	± 0.12	± 0.68	0.04	± 0.50	± 0.40	- 0.26
G678	± 0.10	± 0.83	0.06	± 0.45	± 0.43	- 0.27
G713	± 0.10	± 0.72	- 0.06	± 0.56	± 0.33	- 0.15
设计	± 1.80	± 2.20	± 2.00	± 1.80	± 2.20	± 2.00
一致性精度	± 0.59(设计 ± 2.00)			± 0.49(设计 ± 2.00)		

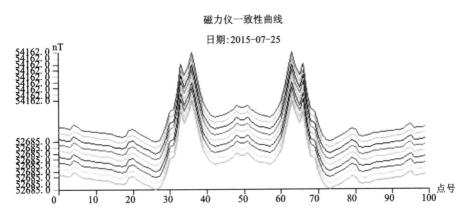

图 2 - 25　开工前磁力仪一致性对比试验曲线

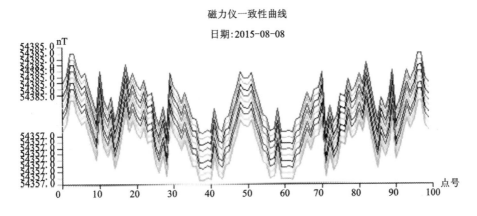

图 2 - 26　收工前磁力仪一致性对比试验曲线

2.4.2 磁力基站建立

1.日变站(基点)选取

日变站(基点)位于平稳磁场内；磁场的水平梯度和垂直梯度较小，在半径 2 m 及高差 0.5 m 范围内磁场变化不超过 1 nT；并在选取地点每隔两米测一个点，选取磁场平稳处，保证附近没有磁性干扰物，并远离建筑物和工业设施(铁路、厂房、高压线等)；周围地形平坦，所在地点能长期不被占用，有利于标志的保存，根据上述条件选取日变站，并用 GPS 测定了日变站(基点)坐标和高程。

2.日变站(基点)的场值求取

2015 年 7 月 27 日至 7 月 30 日连续观测三日(18 时－次日 6 时进行，读数间隔时间为 30 min)，选取夜间平稳时段磁场值的算术平均值(2015 年 7 月 27 日 22∶50 点至 7 月 27 日 03∶50 点、7 月 29 日 22∶00 点至 7 月 30 日 03∶00 点、7 月 30 日 19∶00 点至 22∶30 点的观测值的平均值作为日变站的基本场值(图 2－27)。

双阳盆地勘探区主日变站的值为 54484.2 nT。

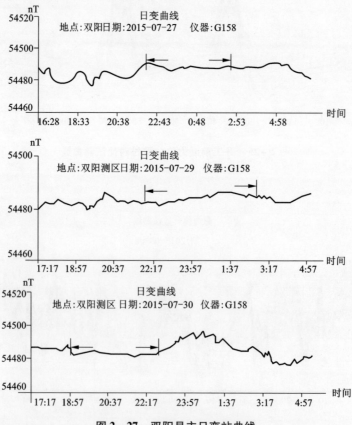

图 2－27 双阳县主日变站曲线

2.4.3　磁力点观测与检查

（1）在每天观测工作前，仪器的时钟按北京时间校对，使各台仪器的时钟达到秒级同步。

（2）磁力测量按校正点—测点—校正点顺序进行观测，每个测点采取两个合格读数。测点点位避开人文磁性干扰，观测时远离对其有影响的物体 50 m 以上，并记录备注。磁力点位与重力点位保持一致，对磁力观测有干扰时合理选择点位后进行观测，因客观原因无法避开的测点均注明其干扰因素，有干扰备注的测点，为今后处理过程提供参考。

（3）磁力操作员严禁携带任何有磁性的物体。

（4）磁力检查采用"一同三不同"的方法（同一测点、不同仪器、不同操作员、不同时间）进行。磁力检查点随机抽查，保证磁力检查点在空间上分布均匀。

（5）磁日变站观测时间早于早校时间，晚于晚校时间。磁日变梯度变化不超过 2.0 nT/min，如超出此值在该段的野外测点作废。

2.4.4　磁力内业计算

对磁力测量仪器回放数据进行 100% 的检查，确认无误后进行室内计算，计算结果经过 100% 的校核后打印装订成册。磁力计算进行三项校正，即：日变改正、正常场改正及高度改正。

1）日变改正

采用计算机程序进行日变改正。由日变观测值减去日变站的基本磁场值，得纯日变值，再由测点观测值减去纯日变值，得各测点的绝对值。计算公式为：

$$T_{改} = T_{测} - (T_{日} - T_{基}) \tag{2-7}$$

式中：$T_{改}$ 为日变改正后测点绝对值，nT；$T_{测}$ 为测点上的观测值，nT；$T_{日}$ 为日变站的观测值，nT；$T_{基}$ 为日变站的基本磁场值，nT。

2）正常场改正

正常场改正采用国际地磁参考场 IGRF 模型给出的高斯系数进行计算。系数项和年变率系数采用国际地磁协会数据中心公布的 2010 年地球模型球谐系数。

3）高度改正

采用如下计算公式：

$$H(T) = \frac{3T_0}{R} [H(I) - H(0)] \tag{2-8}$$

式中：T_0 为主日变站正常地磁场值，nT；R 为地球平均半径，6371200 m；$H(I)$ 为测点高程，m；$H(0)$ 为主日变站高程，m。

4）磁力异常计算

磁力异常值按下式求得：

$$\Delta T = T_{改} + T_{高} - T_{正} \qquad (2-9)$$

式中：ΔT 为磁力异常值，nT；$T_{改}$ 为日变改正后的绝对磁力观测值，nT；$T_{高}$ 为高度改正值，nT；$T_{正}$ 为测点磁力正常场值，nT。

通过上述计算取得磁力异常 ΔT 成果数据。

2.4.5 磁力数据质量评述

磁力实测坐标点 1034 个（设计坐标点 1034 个），完成设计工作量的 100%。质量检查点 56 个，质检率 5.4%（设计大于 5%）。检查点做到了空间上基本均匀分布，确保了采集资料的可靠性。检查点的各项精度指标见表 2 – 13，检查点的分布情况如图 2 – 28 所示。

测点观测精度按下列公式计算：

$$\varepsilon = \pm \sqrt{\sum_{p=1}^{N_p} d_p^2 / 2N_p} \qquad (2-10)$$

式中：ε 为检查观测均方误差，nT；d_p 为经日变改正后第 P 点前后观测值之差，nT；N_p 为检查点数。

表 2 – 13　磁力测量精度统计表　　　　　　　　　　　　单位：nT

数据采集	异常总均方误差	检查观测均方误差	正常场改正均方差	高度改正均方误差	日变改正精度	日变站联测均方差
设计	±4.0	±3.0	±1.0	±1.0	±0.6	±0.6
实达	±2.5	±2.4	±0.1	±0.1	±0.6	±0.0

本次磁力数据野外采集各项精度指标均满足或优于施工设计要求，质量可靠。

磁力野外采集共 36 个工作单元，校正点最大仪器差值为 – 2.2 nT，检查点最大直接差为 6.9nT，各项精度指标均满足勘探要求，质量可靠。

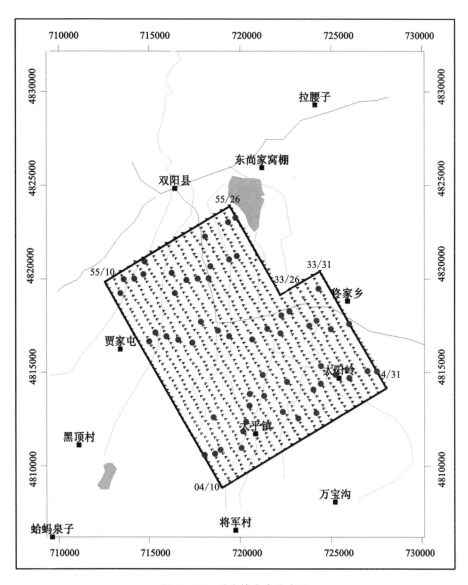

图 2 – 28　磁力检查点分布图

第3章 大地电磁特征及资料处理

大地电磁测深(MT)是以天然电磁场为场源,通过在地表观测相互正交的电磁场分量来研究地球内部电性结构的一种重要的地球物理手段。MT 电法依据不同频率的电磁波在导体中具有不同趋肤深度的原理,在地表测量由高频至低频的地球电磁响应序列,经过相关的数据处理和分析来获得大地由浅至深的电性结构。随着勘探科学技术的发展,MT 电法的硬件和软件都得到了长足的进步,资料处理方面由最初的一维反演进入到了现在的三维反演,正逐步走向实用化阶段。

3.1 大地电磁响应特征

3.1.1 一维介质中的大地电磁场

在笛卡儿坐标系中,令 z 轴垂直向下,x、y 轴在地表水平面内,我们把电磁场 Maxwell 方程组展成分量形式:

$$\nabla \times \boldsymbol{E} = \mathrm{i}\mu\omega\boldsymbol{H} \tag{3-1}$$

$$\frac{\partial E_z}{\partial y} - \frac{\partial E_y}{\partial z} = \mathrm{i}\omega\mu H_x \tag{3-2}$$

$$\frac{\partial E_x}{\partial z} - \frac{\partial E_z}{\partial x} = \mathrm{i}\omega\mu H_y \tag{3-3}$$

$$\frac{\partial E_y}{\partial x} - \frac{\partial E_x}{\partial y} = \mathrm{i}\omega\mu H_z \tag{3-4}$$

$$\nabla \times \boldsymbol{H} = \sigma\boldsymbol{E} \tag{3-5}$$

$$\frac{\partial H_z}{\partial y} - \frac{\partial H_y}{\partial z} = \sigma E_x \tag{3-6}$$

$$\frac{\partial H_x}{\partial z} - \frac{\partial H_z}{\partial x} = \sigma E_y \tag{3-7}$$

$$\frac{\partial H_y}{\partial x} - \frac{\partial H_x}{\partial y} = \sigma E_z \tag{3-8}$$

当平面电磁波垂直入射于均匀各向同性大地介质中时,其电磁场沿水平方向上是均匀的，即：

$$\frac{\partial E}{\partial x} = \frac{\partial E}{\partial y} = 0, \; \frac{\partial H}{\partial x} = \frac{\partial H}{\partial y} = 0$$

将它们代入式(3-1)~式(3-8)中，有：

$$-\frac{\partial E_y}{\partial z} = i\omega\mu H_x \qquad\qquad (3-9)$$

$$\frac{\partial E_x}{\partial z} = i\omega\mu H_y \qquad\qquad (3-10)$$

$$H_z = 0 \qquad\qquad (3-11)$$

$$-\frac{\partial H_y}{\partial z} = \sigma E_x \qquad\qquad (3-12)$$

$$\frac{\partial H_x}{\partial z} = \sigma E_y \qquad\qquad (3-13)$$

$$E_z = 0 \qquad\qquad (3-14)$$

由式(3-9)~式(3-14)可以看出：电场分量 E_x 只和 H_y 有关，H_x 只和 E_y 有关，它们都沿 z 轴传播。若在 y、z 坐标平面内考虑问题，即设真空中波前与 x 轴平行，这时的平面电磁波可以分解成电场仅有水平分量的 $E//$ 极化方式或 TE(横电)波型和磁场仅有水平分量的 $H//$ 极化方式或 TM(横磁)波型，它们的关系式为：

TE 极化方式($E_x - H_y$)：

$$\frac{\partial E_x}{\partial z} = i\omega\mu H_y \qquad\qquad (3-15)$$

$$-\frac{\partial H_y}{\partial z} = \frac{1}{\rho}E_x \qquad\qquad (3-16)$$

$$\frac{\partial^2 E_x}{\partial z^2} - k^2 E_x = 0 \qquad\qquad (3-17)$$

$$\frac{\partial^2 H_y}{\partial z^2} - k^2 H_y = 0 \qquad\qquad (3-18)$$

TM 极化方式($H_x - E_y$)：

$$\frac{\partial H_x}{\partial z} = \frac{1}{\rho}E_y \qquad\qquad (3-19)$$

$$-\frac{\partial E_y}{\partial z} = i\omega\mu H_x \qquad\qquad (3-20)$$

$$\frac{\partial^2 H_x}{\partial z^2} - k^2 H_x = 0 \qquad\qquad (3-21)$$

$$\frac{\partial^2 H_y}{\partial z^2} - k^2 H_y = 0 \qquad\qquad (3-22)$$

式中：$k = \sqrt{-\mathrm{i}\omega\mu\sigma}$ 为传播系数，它是一个复数，亦称为复波数。同时，两组极化波中均无场的垂直分量，即 $E_z = H_z = 0$。

下面，我们以 TE 极化波来讨论电磁波的地下介质中的衰减情况。根据 TE 极化波方程：

$$\frac{\partial^2 E_x}{\partial z^2} - k^2 E_x = 0$$

这是一个二阶常微分方程，它的一般解为：

$$E_x = A\mathrm{e}^{-kz} + B\mathrm{e}^{kz} \tag{3-23}$$

式中：A 和 B 为边界条件确定的积分常数。

若在均匀半空间的无限远处，即 $z \to \infty$ 时应有 $E_x = 0$，于是要求 $B = 0$，因此有：

$$E_x = A\mathrm{e}^{-kz} \tag{3-24}$$

当 $z = 0$ 时有：

$$E_x^0 = A \tag{3-25}$$

这里 E_x^0 是大地表面的电场强度，按假定应为谐变场，可令：

$$A = E_x^0 \mathrm{e}^{-\mathrm{i}\omega t} \tag{3-26}$$

另一方面，复波数可以写为：

$$k = \sqrt{-\mathrm{i}\omega\mu\sigma} = \frac{(1-\mathrm{i})}{\sqrt{2}}\sqrt{\omega\mu\sigma} \tag{3-27}$$

因此，在深度 z 处，电场强度可写成：

$$E_x(z) = A\mathrm{e}^{-kz} = E_x^0 \mathrm{e}^{-\mathrm{i}\left(\omega t - \sqrt{\frac{\omega\mu\sigma}{2}}z\right)}\mathrm{e}^{-\sqrt{\frac{\omega\mu\sigma}{2}}z} \tag{3-28}$$

式（3-28）即为均匀半空间中电场的衰减表达式。图 3-1 给出了电阻率为 10 Ω·m 的均匀半空间中电场随频率衰减变化的情况，即高频波衰减得快、低频波衰减得慢。

我们把波在地下介质传播中振幅衰减到地面处幅值的 $\frac{1}{\mathrm{e}}$ 时的深度定义为趋肤深度或穿透深度 $\delta(\mathrm{m})$，即有：

$$\mathrm{e}^{-\sqrt{\frac{\omega\mu\sigma}{2}}\delta} = \mathrm{e}^{-1} \tag{3-29}$$

因此，趋肤深度可以表示为：

$$\delta = \sqrt{\frac{2}{\omega\mu\sigma}} \approx 503\sqrt{\frac{\rho}{f}} \tag{3-30}$$

式中：f 为电磁场谐变的频率。式（3-30）说明，电磁场变化的频率越低，介质的电阻率越高，电磁场能量在传播过程中损耗越小，因而穿透得越深。这一点构成了 MT 电法，以及频率域电磁测深勘探方法的物理基础。图 3-2 给出了趋肤深度随频率和介质电阻率变化的情况，这是开展 MT 电法勘探工作设计的基础。

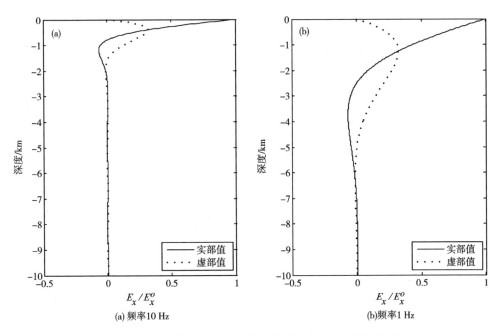

(a) 频率10 Hz　　　　　　　　　　　(b)频率1 Hz

图 3 – 1　电阻率为 10 Ω·m 的均匀半空间中电场衰减情况

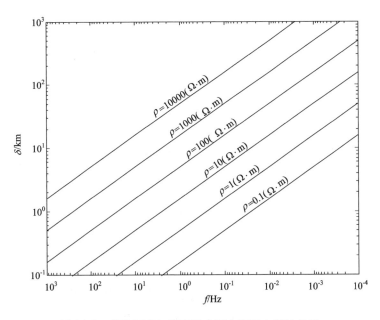

图 3 – 2　趋肤深度与频率及介质电阻率之间的关系

3.1.2 二维介质中的大地电磁场

对于有明显走向的倾斜岩层、背斜、向斜等地质构造，取走向为 x 轴，y 轴与 x 轴垂直，水平向右（即倾向方向），z 轴垂直向下，介质模型的电性参数随 y 轴和 z 轴都发生变化，而沿走向 x 轴的电性参数不发生变化，即 $\dfrac{\partial \boldsymbol{E}}{\partial x} = 0$ 和 $\dfrac{\partial \boldsymbol{H}}{\partial x} = 0$。当平面电磁波以任意角度入射地面时，地下介质的电磁波总以平面波形式；几乎垂直地向下传播。我们把电性参数沿两个方向变化的介质模型称为二维介质。下面讨论二维介质中的大地电磁场。

由 Maxwell 方程组可以确定下列关系：

$$\vec{i}\left(\frac{\partial E_z}{\partial y} - \frac{\partial E_y}{\partial z}\right) + \vec{j}\left(\frac{\partial E_x}{\partial z} - \frac{\partial E_z}{\partial x}\right) + \vec{k}\left(\frac{\partial E_y}{\partial x} - \frac{\partial E_x}{\partial y}\right)$$
$$= \mathrm{i}\mu\omega(\vec{i}H_x + \vec{j}H_y + \vec{k}H_z) \tag{3-31}$$

及

$$\vec{i}\left(\frac{\partial H_z}{\partial y} - \frac{\partial H_y}{\partial z}\right) + \vec{j}\left(\frac{\partial H_x}{\partial z} - \frac{\partial H_z}{\partial x}\right) + \vec{k}\left(\frac{\partial H_y}{\partial x} - \frac{\partial H_x}{\partial y}\right)$$
$$= \sigma(\vec{i}E_x + \vec{j}E_y + \vec{k}E_z) \tag{3-32}$$

式中：$\vec{i}$、$\vec{j}$、$\vec{k}$ 表示单位矢量。

考虑到式（3-31）和式（3-32）中对应的矢量分量应相等，同时注意到凡是对 x 的偏导数皆为零，于是有：

$$\frac{\partial E_z}{\partial y} - \frac{\partial E_y}{\partial z} = \mathrm{i}\omega\mu H_x \tag{3-33}$$

$$\frac{\partial E_x}{\partial z} = \mathrm{i}\omega\mu H_y \tag{3-34}$$

$$\frac{\partial E_x}{\partial y} = -\mathrm{i}\omega\mu H_z \tag{3-35}$$

$$\frac{\partial H_z}{\partial y} - \frac{\partial H_y}{\partial z} = \sigma E_x \tag{3-36}$$

$$\frac{\partial H_x}{\partial z} = \sigma E_y \tag{3-37}$$

$$\frac{\partial H_x}{\partial y} = -\sigma E_z \tag{3-38}$$

从上面各式可以看出，相应电磁场分量分为两组，其中一组包括场分量 E_x、H_y、H_z；另一组包括 H_x、E_y、E_z，两组彼此独立，我们称它们为 TE 极化模式和 TM 极化模式。

TE 极化模式：

$$\left. \begin{aligned} \frac{\partial H_z}{\partial y} - \frac{\partial H_y}{\partial z} &= \sigma E_x \\ H_y &= \frac{1}{\mathrm{i}\omega\mu}\frac{\partial E_x}{\partial z} \\ H_z &= -\frac{1}{\mathrm{i}\omega\mu}\frac{\partial E_x}{\partial y} \end{aligned} \right\} \tag{3-39}$$

TM 极化模式:

$$\left. \begin{aligned} \frac{\partial E_z}{\partial y} - \frac{\partial E_y}{\partial z} &= \mathrm{i}\omega\mu H_x \\ E_y &= \frac{1}{\sigma}\frac{\partial H_x}{\partial z} \\ E_z &= -\frac{1}{\sigma}\frac{\partial H_x}{\partial y} \end{aligned} \right\} \tag{3-40}$$

当选取坐标系方向与构造主轴方向一致时,电磁场能分成独立的两组波型,这一点具有很重要的意义,因为:①在求二维模型条件下大地电磁场问题的解析解和数值解时,Maxwell 偏微分方程组的求解问题可化成标量函数的二阶偏微分方程的求解问题,这给推导及计算带来很大方便;②类似于一维模型时的情况,任一水平坐标轴的电场分量只和与其垂直的水平磁场分量有关,而和与其平行的水平磁场分量无关。但与一维介质不同的地方是:由两对独立的互相正交的水平电磁场分量确定出的阻抗值不相等。对应于电磁场分量所属的波型,我们把这两个阻抗值分别记为 Z_{TE}、Z_{TM},即有:

$$E_x = Z_{\mathrm{TE}} H_y$$
$$E_y = Z_{\mathrm{TM}} H_x$$

或写成:

$$[E] = \begin{bmatrix} 0 & Z_{\mathrm{TE}} \\ -Z_{\mathrm{TM}} & 0 \end{bmatrix} [H] = [Z][H] \tag{3-41}$$

在非一维介质情况下,$Z_{\mathrm{TE}} \neq Z_{\mathrm{TM}}$,因而就有:$\rho_{\mathrm{TE}} \neq \rho_{\mathrm{TM}}$。这表明在二维介质情况下将会得到两条完全不相同的视电阻率曲线。

为了说明二维介质下 MT 电法的 TE 和 TM 响应曲线的区别,我们给出了二维地堑模型的正演实例。地堑模型可以用来模拟地下的断层,如图 3-3 所示。模型分为三层:浅层为低阻层,电阻率为 10 Ω·m,厚度为 250 m,其下为一中阻层,电阻率为 100 Ω·m,厚度为 6000 m,在这一层的中间位置,有一地堑,宽1000 m,深 1000 m,电阻率为 10 Ω·m,中阻层的下方又是一低阻层,电阻率为10 Ω·m。采用有限单元法双二次插值法对 TE 极化模式和 TM 极化模式分别采用 18×31(四个空气层)和 18×27 的剖分单元进行计算(柳建新等,2012)。图 3-4 显示的为该地堑模型中心附近 S 点上的视电阻率和阻抗相位曲线,虚线是

S 点处垂直向下的地电参数计算的一维大地电磁响应曲线。从图上可以看到：在二维构造模型中，一维 MT 电法响应曲线与二维 MT 电法响应曲线有较大的区别，而且，二维的 TE 极化模式和 TM 极化模式的 MT 电法响应曲线亦有较大的区别。因此，在二维构造模型中，应当选择二维的正、反演方法进行资料解释。

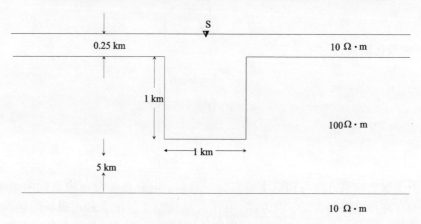

图 3 - 3 地堑模型

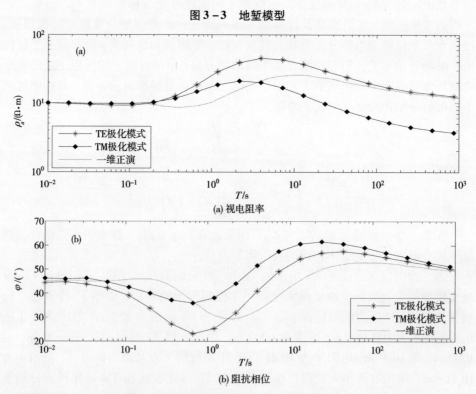

(a) 视电阻率

(b) 阻抗相位

图 3 - 4 地堑模型 S 点的大地电磁响应曲线

　　另外，MT 电法实际观测时却不可能完全沿着倾向方向进行，下面分析任意二个正交观测方向的大地电磁场。设以 x'，y'，z' 表示任意方位直角坐标系中三个坐标轴的方向，如图 3 - 5 所示。

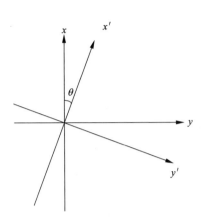

图 3 - 5　坐标系旋转

　　它与 x，y，z 之间的相对关系为：z 与 z' 重合都铅垂向下，水平坐标轴 x'，y' 相对 x，y 顺时针旋转了 θ 角，则旋转后坐标系中的电磁场分量可用原坐标系中的电磁场分量表示成：

$$\left.\begin{array}{l} E'_x = E_x\cos\theta + E_y\sin\theta \\ E'_y = -E_x\sin\theta + E_y\cos\theta \end{array}\right\} \tag{3 - 42}$$

$$\left.\begin{array}{l} H'_x = H_x\cos\theta - H_y\sin\theta \\ H'_y = H_x\sin\theta + H_y\cos\theta \end{array}\right\} \tag{3 - 43}$$

将式（3 - 41）和式（3 - 43）代入式（3 - 42），如果省去上标，得到：

$$\left.\begin{array}{l} E_x = Z_{xx}H_x + Z_{xy}H_y \\ E_y = Z_{yx}H_x + Z_{yy}H_y \end{array}\right\} \tag{3 - 44}$$

　　式中：Z_{xx}、Z_{xy}、Z_{yx}、Z_{yy} 称为张量阻抗元素，并且有：

$$\left.\begin{array}{l} Z_{xx} = \dfrac{Z_{TE} - Z_{TM}}{2}\sin2\theta \\[2mm] Z_{xy} = Z_{TE}\cos^2\theta + Z_{TM}\sin^2\theta \\[2mm] Z_{yx} = -(Z_{TE}\sin^2\theta + Z_{TM}\cos^2\theta) \\[2mm] Z_{yy} = -\dfrac{Z_{TE} - Z_{TM}}{2}\sin2\theta \end{array}\right\} \tag{3 - 45}$$

　　显然，若 $\theta = 0$，式（3 - 44）与式（3 - 41）等价。式（3 - 44）说明：一方面，任

意方向上的电场不只与其垂直方向上的磁场有关，而且与其同方向上的磁场也相关，这时电场与磁场并不总是正交的。另一方面，当测量轴为任意取向时，电场分量与磁场分量间的关系必须通过 Z_{xx}、Z_{xy}、Z_{yx}、Z_{yy} 四个量来描述，而且这四个量都与测量轴的取向有关，这正是非均匀介质中大地电磁场阻抗的重要特性。

3.1.3 三维介质中的大地电磁场

三维介质条件下大地电磁场不同于二维介质条件下的大地电磁场，它的六个电磁场分量都耦合在一起，不能分解成独立的相互无关的波型组。但可以证明，与二维模型时相似，电磁场分量之间仍存在复系数线性关系。

仍假设入射场为垂直入射的平面波。这时入射场可分离成两个相互正交的平面波 E_{xi} 和 E_{yi}。显然在每一种线性平面波情况下，电场和磁场的每一个分量都应与入射波的复振幅成正比，即当入射线性极化波为 E_{xi} 时有：

$$\left.\begin{aligned}
E_x &= a_1 E_{xi} \\
E_y &= a_2 E_{xi} \\
H_x &= b_1 E_{xi} \\
H_y &= b_2 E_{xi} \\
H_z &= c_1 E_{xi}
\end{aligned}\right\} \qquad (3-46)$$

入射波为 E_{yi} 时有：

$$\left.\begin{aligned}
E_x &= a_3 E_{yi} \\
E_y &= a_4 E_{yi} \\
H_x &= b_3 E_{yi} \\
H_y &= b_4 E_{yi} \\
H_z &= c_2 E_{yi}
\end{aligned}\right\} \qquad (3-47)$$

根据场的叠加原理，对于一般的垂直入射平面波 $E_i = \vec{i} E_{xi} + \vec{j} E_{yi}$ 来说，各电磁场分量为：

$$\left.\begin{aligned}
E_x &= a_1 E_{xi} + a_3 E_{yi} \\
E_y &= a_2 E_{xi} + a_4 E_{yi} \\
H_x &= b_1 E_{xi} + b_3 E_{yi} \\
H_y &= b_2 E_{xi} + b_4 E_{yi} \\
H_z &= c_1 E_{xi} + c_2 E_{yi}
\end{aligned}\right\} \qquad (3-48)$$

写成矩阵形式：

$$\begin{bmatrix} E_x \\ E_y \end{bmatrix} = \begin{bmatrix} a_1 & a_3 \\ a_2 & a_4 \end{bmatrix} \begin{bmatrix} E_{xi} \\ E_{yi} \end{bmatrix} = \begin{bmatrix} A \end{bmatrix} \begin{bmatrix} E_{xi} \\ E_{yi} \end{bmatrix}$$

$$\begin{bmatrix} H_x \\ H_y \end{bmatrix} = \begin{bmatrix} b_1 & b_3 \\ b_2 & b_4 \end{bmatrix} \begin{bmatrix} E_{xi} \\ E_{yi} \end{bmatrix} = \begin{bmatrix} B \end{bmatrix} \begin{bmatrix} E_{xi} \\ E_{yi} \end{bmatrix} \qquad (3-49)$$

$$H_z = \begin{bmatrix} c_1 & c_2 \end{bmatrix} \begin{bmatrix} E_{xi} \\ E_{yi} \end{bmatrix} = \begin{bmatrix} C \end{bmatrix} \begin{bmatrix} E_{xi} \\ E_{yi} \end{bmatrix}$$

可以证明$[B]$是非奇异的，于是可得：

$$\begin{bmatrix} E_{xi} \\ E_{yi} \end{bmatrix} = \begin{bmatrix} B \end{bmatrix}^{-1} \begin{bmatrix} H_x \\ H_y \end{bmatrix} \qquad (3-50)$$

将式(3-50)代入(3-49)的第一式得到：

$$\begin{bmatrix} E_x \\ E_y \end{bmatrix} = \begin{bmatrix} A \end{bmatrix} \begin{bmatrix} B \end{bmatrix}^{-1} \begin{bmatrix} H_x \\ H_y \end{bmatrix} = \begin{bmatrix} Z \end{bmatrix} \begin{bmatrix} H_x \\ H_y \end{bmatrix} \qquad (3-51)$$

其中：$[Z]$称为阻抗张量，定义为：

$$\begin{bmatrix} Z \end{bmatrix} = \begin{bmatrix} A \end{bmatrix} \begin{bmatrix} B \end{bmatrix}^{-1} \qquad (3-52)$$

此外还定义

$$H_z = \begin{bmatrix} C \end{bmatrix} \begin{bmatrix} B \end{bmatrix}^{-1} \begin{bmatrix} H_x \\ H_y \end{bmatrix} = \begin{bmatrix} T \end{bmatrix} \begin{bmatrix} H_x \\ H_y \end{bmatrix} \qquad (3-53)$$

其中：$[T]$称为倾子(Tipper)。

上面说明了，在一般三维情况下，水平电场与水平磁场之间存在复系数线性关系，通过阻抗张量 Z 联系起来；垂直磁场与水平磁场之间也存在复系数线性关系，通过倾子联系起来。这在形式上与二维介质的情况相似。

3.2 资料处理原则与流程

3.2.1 资料处理原则

根据野外工作任务及测区地质、地球物理特征，MT 电法资料处理与解释的基本原则为：

（1）由已知到未知的原则。充分收集、分析、认识、研究已有的地质、地球物理勘探成果，系统地掌握本区的基本地质规律和地球物理特征，指导整个数据处理与解释过程中的各个环节。利用标本物性测定资料、表层电阻率分布资料，研究不同地层、不同岩性的电性特征，把握地层、岩性与电性的对应规律，对实测的电性断面合理地进行地质解释。

（2）由定性到定量的原则。首先依据 MT 勘探原理及其对各种地质构造的响应规律，定性地分析频率域的成果，全面把握原始资料中所提供的信息，对测区内的构造痕迹、断层位置、地层起伏变化等建立整体的认识。然后在定性分析认识的基础上进行定量解释，对定性成果定量化。针对勘探任务采用的数据处理解释方法与技术，试验评价不同方法技术的应用条件及其解决问题的能力，以便客观正确地利用这些成果，选择最优化的数据处理解释方案。

（3）由粗到细、逐步深入和多次反复、多方法佐证的原则。即首先按常规方法进行资料处理和反演成像，并与已有成果进行对比。通过对比，判明 MT 资料的可靠性、干扰程度等，据此确定完成地质任务应采取的技术措施。其次，采用可视化人机交互数据预处理系统，根据 MT 资料的特点，参照已有地质、地球物理勘探成果，重新进行人机交互资料处理，压制各种干扰，消除静态效应，突出有效信息，对去噪后的数据采用多种方法反演成像，以此成果进行综合地质解释。

3.2.2　资料处理流程

MT 电法数据的处理流程一般分为四个步骤，最终得出地质成果，完成勘探任务，其资料处理解释流程如图 3 - 6 所示。

（1）数据预处理，其主要内容包括：去噪处理，采用了多种方法技术，如远参考技术，相位校正技术等，试图从多方面消除资料中的干扰噪声；静态校正采用了曲线平移和汉宁低通滤波的方法。

（2）定性分析，对频率域的各参数和数据进行定性的分析，依据不同地电特征在各种参数上的反映规律，定性认识地下地质构造格局。

（3）定量解释，对频率域的视电阻率和阻抗相位进行定量反演解释，获得电阻率在空间的分布情况，以此进行地质解释。

（4）地质解释，根据不同地层岩性的不同电性特征，对得到的电阻率空间分布赋予地质涵义，给出合理的地质解释。

资料解释中这四步处理环环相扣，步步深入，要随时分析每步的成果，如与已知信息相悖，要反复到第一步调整处理，最终使解释成果客观可靠。

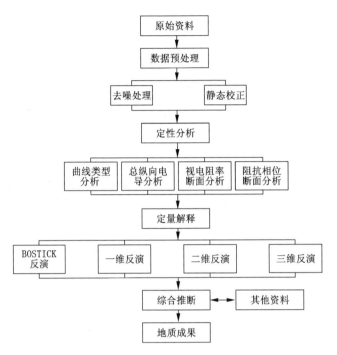

图 3 - 6 MT 电法资料处理解释流程图

3.3 数据预处理

由于各种电磁干扰和地形影响，数据的预处理消除噪声以达到静态工作状态显得十分重要，后续定性的与定量的解释成果是否客观正确，都是建立在预处理结果可靠的基础之上而言的。

3.3.1 去噪处理

在 MT 电法勘探中，由于各种电磁噪声的存在，不可避免地给实测资料带来一定的误差，严重时会使曲线的形态发生变化，所以在资料解释前还必须对原始数据进行去噪处理。

1. 干扰数据的识别

（1）由于 MT 勘探的体积效应，实测资料中相邻频点数据相关性很强，所以实测曲线应具有很好的连续性，显然不连续的曲线，如出现零乱、断档、飞点等情况是有噪声干扰的反映。

（2）由 MT 方法勘探原理可知，通常情况下，在视电阻率 - 频率双对数坐标中，视电阻率曲线的斜率不应超过 ±1，否则是有干扰的表现，一般为近场干扰。

（3）均方差大的数据，说明干扰造成的几次叠加的数据相差较大，是有噪数据。

（4）由于 0.1 Hz 左右频段是天然磁场信号的一个弱信号区，所以资料质量较低。而在低频段，受观测时长的限制，资料的叠加次数相对较少，所以数据的离差也大，资料质量较低。

2. 去噪处理方法

针对研究区电磁干扰特征和数据质量情况，在资料处理中采用了如下方法技术进行去噪处理，以保障资料的可靠性。

1）采用相位资料对畸变视电阻率曲线的校正

阻抗相位资料在去噪中具有重要作用，其理由是：①相位是通过阻抗虚实部的比值求出的，所以一个干扰若将阻抗的虚实部同时变化，阻抗振幅变了，但其相位是不变的；②在相同的频率条件下，相位反映的勘探深度比视电阻率反映的勘探深度要大，由高频点的相位值可以推断出相邻低频点视电阻率的变化趋势，因而高频资料质量要好。例如第 31 频点以后的资料受到干扰，那么可由第 30 频点的相位数据和视电阻率数据算出 31 频点的视电阻率值；③视电阻率资料中的干扰主要是自功率谱的存在造成的，但自功率谱的相位是 0，所以理论上讲，相位资料受干扰要小一些，具体说明如下：

在电性主轴上 Z_{xy} 与电磁场的关系为：

$$Z_{xy} = \frac{<E_x H_y^*>}{<H_y H_y^*>} \qquad (3-54)$$

式中：* 表示共轭复数；< > 表示功率谱平均值。

当 MT 电法资料中存在噪声时，可将实测电磁场表示为信号与噪声之和，即：

$$E_x = E_{xs} + E_{xn}$$
$$H_y = H_{ys} + H_{yn}$$

式中：下标 s、n 分别表示信号和噪声，在参加平均的数量足够大且电磁噪声不相关时式（3-54）可改写为

$$Z_{xy} = \frac{<E_{xs} H_{ys}^*>}{<H_{ys} H_{ys}^*> + <H_{yn} H_{yn}^*>} = \frac{Z_{xys}}{\left(1 + \frac{<H_{yn} H_{yn}^*>}{<H_{ys} H_{ys}^*>}\right)} \qquad (3-55)$$

式中：Z_{xys} 为无干扰的阻抗。

由公式（3-55）不难看出在有干扰噪声存在时，由于自功率谱项（自相关项）的存在，使得 Z_{xy} 比真值 Z_{xys} 偏低。同样分析式（3-55）可以发现，就 Z_{xy} 的相位而言，信号的自功率谱平均值 $<H_{ys} H_{ys}^*>$ 和噪声的自功率平均值 $<H_{yn} H_{yn}^*>$ 均为实数，相位为 0，所以理论上 Z_{xy} 和 Z_{xys} 的相位是一致的，说明相位资料比视电阻率

资料受电磁干扰的影响要小。这一结论使我们认识到相位资料在去噪处理中具有很重要的利用价值。

由于大地电磁响应的振幅和相位并不是独立的，由希尔伯特转换公式可以给出由相位计算视电阻率的递推公式为

$$\rho_{a,p}(\omega_i) = \rho_{a,p}(\omega_{i-1})\left(\frac{\omega_i}{\omega_{i-1}}\right)^{\left[\frac{4}{\pi}\varphi(\omega_i)-1\right]}, \quad i = 2,3,\cdots,n \qquad (3-56)$$

因此，对于噪声污染严重的某些频点的视电阻率资料可根据式(3-56)由相位资料进行恢复校正。这里，我们给出实测点校正的实例，如图 3-7 所示。

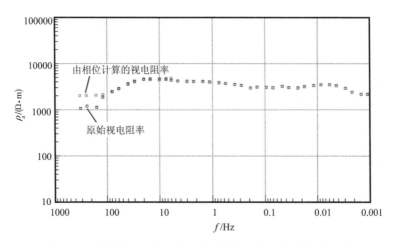

图 3-7　原始视电阻率与由相位计算的视电阻率曲线对比图

2）层状函数拟合飞点剔除技术

MT 电法资料的圆滑存在两个问题：一是不论采用那种圆滑方法（如：滑动平均法、样条圆滑法等）都承袭了观测资料中的误差，尤其是连续几个频点受干扰，视电阻率曲线成段地发生跳跃时，圆滑后的曲线仍然是一条畸变曲线；二是目标函数的确立比较困难，如用多项式圆滑，采用多项式的次数较高时起不到圆滑的效果，而次数较低时则会丢失有用信号。针对此问题，目前采用层状函数拟合飞点剔除技术解决，具体方法为：首先对全频点的数据以一维模型为目标函数进行反演拟合，同时根据数据离差大小给以不同的权值，得出最小二乘意义下的拟合曲线，比较拟合曲线与实测资料，舍去其中相差最大的点（称为飞点），进行第二次拟合并舍去第二次的飞点，反复上述过程直到拟合曲线与实测数据的误差达到一个确定的精度。这种圆滑方法首先排除了飞点的影响，相当于在圆滑过程中给飞点的权值为 0。其次，目标函数特征就是资料的真实变化特征，所以比较客观。这里，我们给出了实测点的最小二乘拟合圆滑实例，如图 3-8 所示。

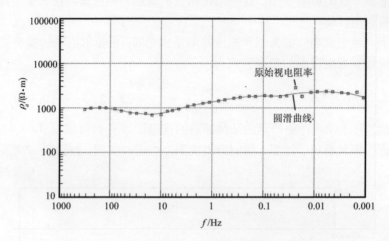

图 3－8　实测点原始视电阻率及去噪圆滑的曲线图

3）相邻点比较趋势分析编辑法

对于干扰非常严重的资料，在上述方法难以奏效的情况下，可采用相邻点比较趋势分析编辑法。具体作法是对于视电阻率曲线某一段没有形态的情况下，参考同一构造单元内相邻点的质量好的测点曲线，进行趋势分析，确定编辑点的趋势轨迹，通过人机联作的方式进行编辑。

3.3.2　静态校正

1. 认识静态效应

在水平均匀层状介质中电流场的方向是与分界面平行的，在界面上是不会产生积累电荷的。但近地表存在局部电性不均匀体时，在 TM 波作用下电流与界面正交，如图 3－9 所示，电流流过不均匀体时会产生界面积累电荷，使水平方向上的电流密度发生变化，TM 极化模式下的视电阻率测深曲线也会发生变化。

下面，我们再来分析一个存在静位移畸变的三维地电模型（Sternberg et al.，1988）。模型主体为 3 层均匀层状介质，其电阻率分别为 $100\ \Omega \cdot m$，$10\ \Omega \cdot m$ 和 $1000\ \Omega \cdot m$，一、二层的厚度分别为 600 m 和 1400 m。地表不均匀体平面规模为 40 m × 40 m，厚度 4 m，电阻率 $5\ \Omega \cdot m$。MT 观测点分别位于不均匀体中心（MT0）、边界内侧（MT18）、边界外侧（MT25）和无穷远处（MT500）。正演计算曲线绘制在对应的测点上方，如图 3－10 所示。

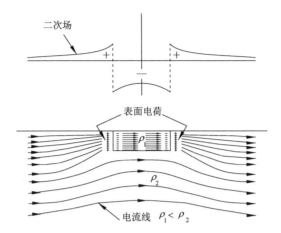

图 3 – 9 近地表低阻异常体 TM 模式电场响应示意图

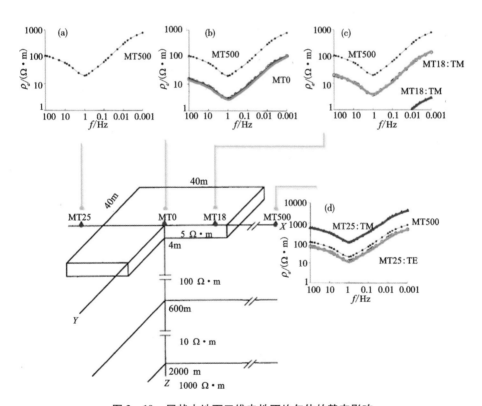

图 3 – 10 层状大地下三维电性不均匀体的静态影响

(a)测点 MT500 的视电阻率曲线；(b)测点 MT0 的视电阻率曲线；
(c)测点 MT18 的视电阻率曲线；(d)测点 MT25 的视电阻率曲线；

　　MT500 的正演曲线，代表未受地表不均匀体影响的正常 MT 测深曲线（相当于地表不均匀体不存在时的 MT 曲线），曲线类型为 H 型，TE、TM 极化的视电阻率曲线重合，其高频起始端接近于第一层电阻率（100 Ω·m）。MT0，即位于不均匀体中心的正演曲线，与 MT500 相比，有了明显位移（偏低），下降幅值达 1 个数量级。由于处于不均匀体中心，两条极化曲线仍重合。MT18 和 MT25 显示的是观测点位于不均匀体边界附近时静态偏移的特点，此时两条曲线偏移程度不一致，其中 TE 曲线偏移小，TM 曲线偏移大，最大偏移可达 2 个数量级（MT18 点的 TM 模式）。另外可注意到，MT25（不均匀体边界外侧）的两条曲线分别偏向高阻与低阻，而 MT18（不均匀体内侧）的两条曲线则都偏向于低阻。

　　我们可以看出：①尽管上述正演模型十分简单，地表电性不均体规模很小，但它产生的静态效应却十分明显且相当复杂。在地质构造复杂、地形崎岖的地区工作时，静态效应对 MT 成果解释所产生的影响是不可低估的；②当 MT 观测点处于不均体的不同部位时，静态偏移的特点各异、偏幅的差异也较明显。同时，仅仅根据 MT 法单点观测的成果，无法判断是否存在静态效应及偏幅大小。

　　上述讨论和例子说明，在严格的二维介质条件下，静态效应主要存在于 TM 模式中，是一种电流型畸变。在三维介质条件下，任何一条视电阻率曲线都将受到影响，影响程度依物体的几何尺寸和进行测量的地点而异。静态效应对频率测深数据的影响是复杂的，特别是在地形崎岖、地质构造复杂的地区，它对数据解释产生的影响必须仔细对待，不可低估。

　　实测数据的静态效应必然影响反演结果，其影响规律分析如下，因 Bostick 反演公式为：

$$\rho = \rho_a \frac{1 - \partial \ln \rho_a / \partial \ln \omega}{1 + \partial \ln \rho_a / \partial \ln \omega} \qquad (3-57)$$

$$D = \left(\frac{\rho_a}{\omega \mu} \right)^{\frac{1}{2}} \qquad (3-58)$$

如果 ρ_a 受静态影响，变为 $\rho_a' = a\rho_a$，则：

$$\rho' = a\rho_a \frac{1 - \partial \ln \rho_a / \partial \ln \omega}{1 + \partial \ln \rho_a / \partial \ln \omega} = a\rho \qquad (3-59)$$

$$D' = \left(\frac{a\rho_a}{\omega \mu} \right)^{\frac{1}{2}} = a^{\frac{1}{2}} D \qquad (3-60)$$

　　因此，如果实测视电阻率因静态影响改变了 a 倍，则由其反演出的电阻率也改变 a 倍，而深度则改变 $\sqrt{a}$ 倍。

2. 静态效应识别

1）单点静态效应识别

在大地电磁测深法中，频率是调节勘探深度及勘探范围的参数，随着频率的增高勘探范围缩小。所以高频资料反映的是近测点周围的电性变化，应具有一维特征，两支曲线在高频段应该是拟合的，否则该测点的资料受到了静态干扰。

2）沿剖面的静态效应识别

由于 MT 勘探的体积效应，在同一构造单元内各测点的曲线连续可比，不应发生大幅度的跃变，当某一测点视电阻率曲线与邻近点的形态相似而整体有平移现象时，判别该点有静态干扰。

3. **静态效应校正方法**

1）单点曲线平移法

采用人机联作的方法将单一测点的实测曲线放在整条剖面上进行整体的比较分析，在剖面上对与邻近测点曲线特征相同或相似，但整体视电阻率曲线幅值有突变的个别测点进行平移校正，以消除突变点。

2）剖面汉宁相关滤波法

由于静态效应主要是受近地表介质电性的影响，一般情况下表现为随机性，呈高频特征。对此本课题采用了汉宁相关滤波法，即在汉宁低通滤波过程中增加了相关判别，给与邻近点相关性比较好的测点加大权系数，反之减小权系数，这样在消除静态效应的同时也保留了由于实际地质构造变化所引起的突变点，而不致于丢掉有用信息。

下面，我们给出研究区静态改正后的剖面视电阻率 – 频率拟断面立体图，如图 3 – 11 所示。

3.4　定性分析

资料的定性分析是针对频率域的资料进行的，依据不同的地质构造、电性分布特征的大地电磁响应规律，分析提取原始资料中的地质信息，定性地把地下电性层分布特征、地层起伏变化情况、局部构造、构造单元划分等信息提取出来，为进一步的定量解释提供依据，同时评价、检验、落实定量解释成果的可靠性。

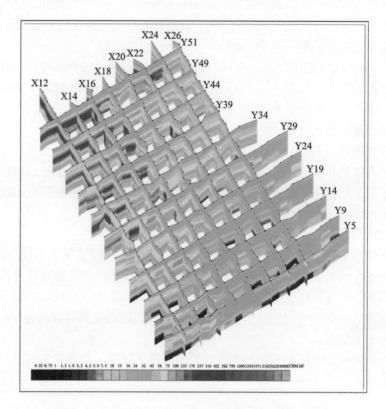

图 3 – 11　静态改正后剖面视电阻率 – 频率断面立体图

3.4.1　勘探深度分析

MT 电法勘探深度的计算公式为：

$$H = 356\sqrt{\frac{\rho_a}{f}} \qquad (3-61)$$

式中：ρ_a 为实测视电阻率，$\Omega \cdot m$；f 为观测频率，Hz；H 为勘探深度，m。

图 3 – 12 是不同频率和电阻率时 MT 勘探深度的平面等值线图，同时在图中给出了 V5 – 2000 系统观测频段及各个频点对应的频率。勘探深度与电阻率呈正比，与频率呈反比。其物理解释是：天然电磁波因热损耗而衰减，制约其穿透深度，而电阻率越低，热损耗越大，穿透深度越小；同样，频率越高，热损耗也越大，穿透深度也越小。

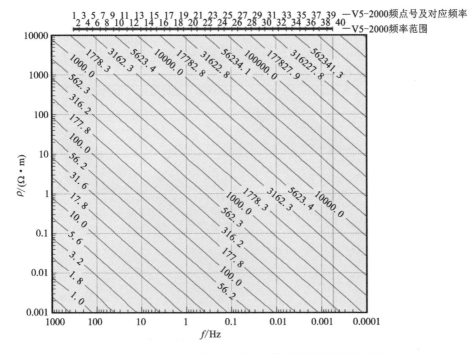

图 3 – 12　不同频率和电阻率时 MT 勘探深度平面等值线图

3.4.2　总纵向电导

某一测点的总纵向电导(简称 S)定义为从地表到某一深度的电导之和,可以写为:

$$S = \int_0^H \sigma(H)\,\mathrm{d}H \qquad (3-62)$$

式(3 – 62)说明在勘探深度范围内电阻率越低其总纵向电导越大,同时低阻地层越厚其总纵向电导也越大,反映了测点的总体电性特征。在地质解释上,由于沉积岩电阻率较低,对总纵向电导贡献大,且电性越低、厚度越大,总纵向电导越大;而基底的电阻率普遍很高,对 S 值影响很小,所以通常用总纵向电导定性分析沉积岩分布,基底埋深情况。

经公式推导总纵向电导可按下式进行计算:

$$S = 520 \sqrt{\dfrac{1}{\rho_{\min} \cdot f_{\min}}} \qquad (3-63)$$

式中: $\rho_{\min}$ 为视电阻率曲线 45°抬升前的极小值, $\Omega \cdot \mathrm{m}$; $f_{\min}$ 为 $\rho_{\min}$ 所对应的频率,

Hz；S 为测点的总纵向电导率，S/m。

图 3－13 为研究区三维 MT 勘探的总纵向电导率在平面上的分布。总纵向电导率图主要反映了电性基底的起伏形态：西北部数值较大，对应基底埋藏较浅或出露地表；东南部数值较小，对应有一定厚度的埋深。

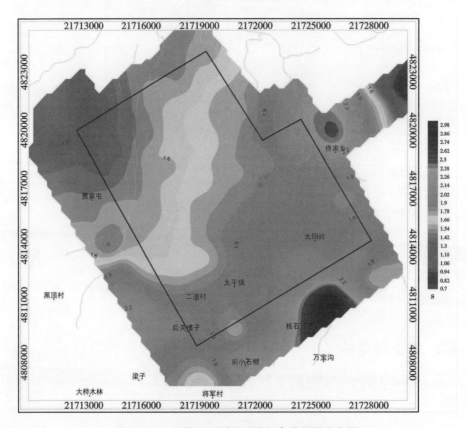

图 3－13　三维 MT 测区总纵向电导平面分布图

3.4.3　视电阻率－频率资料

在 MT 电法资料的定性分析解释中，视电阻率－频率断面图是最基本的一种图件，其中横坐标为测线方向，显示测点的位置及点号，纵坐标为频率（或周期），并以对数坐标表示，以各测点相应频率上的视电阻率值或阻抗相位值绘制等值线，则可得到视电阻率－频率拟断面图。通过分析视电阻率－频率断面图，可以定性地了解测线上的电性分布、基底的起伏、断层的分布、电性层的划分等断面特征。

一般而言，在深部(低频)高视电阻率等值线的起伏形态与基底起伏相对应，而视电阻率等值线密集、扭曲和畸变的地方又往往与断层有关，断层越浅，这种特征越明显。在剖面中，岩层电阻率差别越大，视电阻率断面图的效果也越明显。

3.4.4　阻抗相位 – 频率资料

MT 电法勘探的相位参数是实测天然电磁场中电场信号与磁场信号之间的相位差。根据希尔伯特变换，阻抗相位与视电阻率具有如下关系：

$$\varphi(\omega) = 45° \times \left[\frac{\mathrm{dlg}\rho_a(\omega)}{\mathrm{dlg}\omega} + 1 \right] \qquad (3-64)$$

又：

$$\frac{\mathrm{dlg}\rho_a(\omega)}{\mathrm{dlg}\omega} = \frac{\varphi(\omega)}{45°} - 1 \qquad (3-65)$$

式中：ω 为观测频率，$\varphi(\omega)$ 为相位，$\rho_a(\omega)$ 为实测视电阻率。

上式说明，阻抗相位与视电阻率随频率对数的变化有关。相位等于 45° 时，视电阻率随频率没有变化，或出现极值。当相位小于 45° 时，视电阻率随着频率的降低而增大。相反，在阻抗相位大于 45° 时，视电阻率随着频率的降低而减小。阻抗相位的极值频率为视电阻率的拐点频率(梯度极值点频率)。

据式(3 – 65)可知，无论视电阻率是否有静态干扰，其阻抗相位值是不变的，换言之，阻抗相位不受静态干扰影响。所以，阻抗相位 – 频率断面的另一个作用是判断视电阻率静态改正的合理性，这一点很有价值。

3.5　MT 电法资料反演

MT 电法勘探资料反演的任务是将地表实测的视电阻率及相位随频率深度变化的资料通过一定的数值模拟计算方法，算出地下各测点不同深度介质的电阻率值，这一过程也称之为定量解释，它给出勘探剖面地下的电性分布断面。

地表实测的大地电磁视电阻率，是地下不同电性介质及构造的综合反映，通过对这些资料的分析认识，获得测区地质、地球物理特征规律及一些前期的解释成果。首先假设一个初始的地电模型，并通过一定的数学物理方法，计算出该模型在地表的视电阻率理论值，通过比较实测值与理论值的差异，反复修改地电模型，直至修改后的地电模型的理论值与实测值的最小二乘偏差达到最小，这一最终的地电模型就是我们所求的反演成果，它定量地给出了不同电性介质在地下的分布规律。反演过程可以由计算机自动实现，也可通过人机联作的方法实现。

由于初始模型的给定方式不同以及数据模拟过程中所采用的数学方法不同，

可派生出多种反演方法，各种反演方法可以在一定意义下求得多个地电模型，但并不是说这些模型都有确切的地球物理和地质意义，所以在解释过程中必须根据已有的资料和认识，舍弃那些不合理的模型。通过多种方法相互佐证，选择在地质上和地球物理上可接受的模型，作为进一步进行地质解释的依据。

3.5.1 半定量反演

Bostick 反演法是一种具有代表性的半定量反演技术，尽管其结果不够精确，但运算简便，能直观地给出地下电阻率随深度的变化形式，所以得到了广泛的应用。在大地电磁测深数据实时处理和现场处理的系统中大多配备了这个反演程序。

Bostick 反演是以低频区视电阻率曲线尾支渐近线的特征为基础的。图 3 – 14 是两条二层断面的视电阻率曲线，其第一层电阻率相等，基底电阻率分别为零和无限大时在低频渐近线上视电阻率分别满足下列方程：

$$\rho_a = \frac{1}{\omega \mu S^2}, \ \text{当} \ \rho_2 = \infty \tag{3-66}$$

$$\rho_a = \omega \mu H^2, \ \text{当} \ \rho_2 = 0 \tag{3-67}$$

其中：S、H 分别是第一层纵向电导和第一层的厚度。

在 S 线与 H 线交点的左侧，即相对高频部分视电阻率近乎相等，也就是说在这些频点它们几乎不受断面下层电阻率的影响，而且电阻率与 S 与 H 线交点处的视电阻率接近。可以设想，无论第二层电阻率发生任何改变，这个结论依然成立。因此可以用交点上的数值相当准确地给出该频点所对应深度以上的电阻率，而与该交点以下空间的电阻率无关。

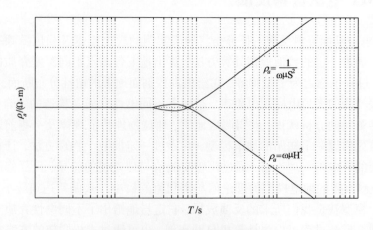

图 3 – 14　Bostick 反演原理图

渐近线交点坐标 (ρ_a, T) 应满足式 $(3-66)$ 和式 $(3-67)$，由此可以确定某一深度以上地层的导电性，两式联立消去 ω、μ，得：

$$\rho_l = \frac{H}{S}$$

ρ_l 为基底以上岩层的平均电阻率。这表明通过视电阻率曲线上任一点都可确定出一个平均电阻率，它仅与断面中的某一深度 H 及其以上介质的纵向电导率 S 有关。

假设地层电性是随深度连续变化的函数，则纵向电导 S 可表示为下式：

$$S(H) = \int_0^H \sigma(z)\,dz \tag{3-68}$$

对 H 求导数，得到：

$$\sigma(H) = \frac{dS(H)}{dH} = \frac{dS/d\omega}{dH/d\omega} = \frac{\dfrac{S\;dlgS}{\omega\;dlg\omega}}{\dfrac{H\;dlgH}{\omega\;dlg\omega}} \tag{3-69}$$

对式 $(3-66)$ 和式 $(3-67)$ 取对数，得：

$$\begin{cases} lg\rho_a = -lg\omega - 2lgS - lg\mu \\ lg\rho_a = lg\omega + lg\mu + 2lgH \end{cases} \tag{3-70}$$

上式分别对 $lg\omega$ 求导数，经整理后可得：

$$\frac{dlgH}{dlg\omega} = \frac{1}{2}\left(\frac{dlg\rho_a}{dlg\omega} - 1\right) \tag{3-71}$$

$$\frac{dlgS}{dlg\omega} = -\frac{1}{2}\left(\frac{dlg\rho_a}{dlg\omega} + 1\right) \tag{3-72}$$

将式 $(3-71)$、式 $(3-72)$ 代入式 $(3-69)$ 后得到：

$$\sigma(H) = \frac{S}{H}\frac{1 + \dfrac{dlg\rho_a}{dlg\omega}}{1 - \dfrac{dlg\rho_a}{dlg\omega}}$$

或：

$$\rho(H) = \frac{H}{S}\frac{1 - \dfrac{dlg\rho_a}{dlg\omega}}{1 + \dfrac{dlg\rho_a}{dlg\omega}} = \rho_a(\omega)\frac{1 - \dfrac{dlg\rho_a}{dlg\omega}}{1 + \dfrac{dlg\rho_a}{dlg\omega}} \tag{3-73}$$

又由式 $(3-67)$ 可得到：

$$H = \sqrt{\frac{\rho_a}{\omega\mu}} \tag{3-74}$$

式 $(3-73)$ 和式 $(3-74)$ 就是 Bostick 反演的基本公式，可在实测视电阻率上

读出不同频率的 ω 与 ρ_a，并求得不同频率的导数 $\mathrm{dlg}\rho_a/\mathrm{dlg}\omega$，代入式(3 – 74)求得深度值，代入式(3 – 73)便求得视电阻率值。

考虑到测量误差，对实测曲线求导会使误差增加。因此在实施 Bostick 反演时应设法避免对实测曲线直接求导数。一种办法是对实测曲线求出拟合函数(如拟合多项式)，由拟合函数再求导数。另一种办法是，当相位曲线比较光滑时，考虑到在一维介质中大地电磁阻抗是最小相位函数，振幅与相位之间的关系可以由希尔伯特转换公式和 $\ln Z(\omega) = \ln|Z(\omega)| + \mathrm{i}\varphi(\omega)$ 给出：

$$\varphi(\omega) = -\frac{1}{\pi}\int_{-\infty}^{\infty}\frac{\ln|Z(g)|}{g - \omega}\mathrm{d}g$$

再考虑到 $|Z(g)| = \sqrt{\omega\mu\rho_a}$，由此得到近似公式：

$$\varphi(\omega) \approx \frac{\pi}{4} + \frac{\pi}{4}\frac{\mathrm{dlg}\rho_a}{\mathrm{dlg}\omega}$$

则有：

$$\frac{\mathrm{dlg}\rho_a}{\mathrm{dlg}\omega} = \frac{4}{\pi}\varphi(\omega) - 1$$

代入式(3 – 73)得：

$$\rho(H) = \rho_a(\omega)\left(\frac{\pi}{2\varphi(\omega)} - 1\right) \tag{3 – 75}$$

这便是不用导数项而用视电阻率 ρ_a 和相位 φ 进行 Bostick 反演的计算公式。

3.5.2 定量反演

1. 正则化反演算法

MT 电法资料的反演成像问题，可以抽象地描述为求取观测数据与其相对应模型的过程。假设 d 为观测数据向量，m 为模型参数向量，F 为把地球模型映射到理论数据的函数，则：

$$d = F(m) \tag{3 – 76}$$

式中，F 为正演响应函数。

MT 电法的反演成像问题是不适定的(ill-posed)，其反演结果具有非唯一性，即不同的地电模型的响应数据与观测数据具有同样的拟合精度。为了改善解的稳定性和非唯一性问题，通常引入 Tikhonov 的正则化思想(Tikhonov & Arsenin，1977)：

$$P^{\beta}(m) = \Phi(m) + \beta S(m) \tag{3 – 77}$$

式中：$P^{\beta}(m)$ 为总目标函数；β 为正则化因子；$\Phi(m)$ 为观测数据与预测数据之差的平方和(即数据目标函数)；$S(m)$ 为稳定器(即模型约束目标函数)，这里采用基于先验模型的最光滑模型约束。

因此，MT 电法反演问题的总目标函数可表示为：

$$P^\beta(\boldsymbol{m}) = \parallel \boldsymbol{W}_d[\boldsymbol{d}^{\mathrm{obs}} - \boldsymbol{F}(\boldsymbol{m})] \parallel^2 + \beta \parallel \boldsymbol{W}_m(\boldsymbol{m} - \boldsymbol{m}^{\mathrm{ref}}) \parallel^2 \qquad (3-78)$$

式中：$\boldsymbol{W}_d$ 为观测数据权系数矩阵；$\boldsymbol{W}_m$ 为光滑度矩阵，也称模型权系数矩阵；$\boldsymbol{m}^{ref}$ 为先验模型。

将 $\boldsymbol{F}(\boldsymbol{m})$ 用泰勒公式展开为：

$$\boldsymbol{F}(\boldsymbol{m}^k + \Delta\boldsymbol{m}) = \boldsymbol{F}(\boldsymbol{m}^k) + \boldsymbol{J}^k\Delta\boldsymbol{m} + O \parallel (\Delta\boldsymbol{m})^2 \parallel \qquad (3-78)$$

其中，$\boldsymbol{m}^k$ 为模型的第 k 次迭代值，于是可得：

$$\boldsymbol{d}^{k+1} \approx \boldsymbol{d}^k + \boldsymbol{J}^k\Delta\boldsymbol{m} \qquad (3-80)$$

这里，$\boldsymbol{d}^k = \boldsymbol{F}(\boldsymbol{m}^k)$，$\Delta\boldsymbol{m} = \boldsymbol{m}^{k+1} - \boldsymbol{m}^k$，$\boldsymbol{J}^k$ 是雅克比灵敏度矩阵

$$J_{ij}^k = \frac{\partial d_i}{\partial m_j}\big|_{m^k} \qquad (3-81)$$

于是有：

$$P^\beta(\boldsymbol{m}^{k+1}) = \parallel \boldsymbol{W}_d(\boldsymbol{d}^{\mathrm{obs}} - \boldsymbol{d}^k - \boldsymbol{J}^k\Delta\boldsymbol{m}) \parallel^2 + \beta \parallel \boldsymbol{W}_m(\boldsymbol{m}^k - \boldsymbol{m}^{\mathrm{ref}}) \parallel^2 \quad (3-82)$$

将上述目标函数对 Δm 求导并令其等于 0，可得线性方程组：

$$\begin{aligned}
&(\boldsymbol{J}^{k\mathrm{T}}\boldsymbol{W}_d^{\mathrm{T}}\boldsymbol{W}_d\boldsymbol{J}^k + \beta\boldsymbol{W}_m^{\mathrm{T}}\boldsymbol{W}_m)\Delta\boldsymbol{m} \\
&= \boldsymbol{J}^{k\mathrm{T}}\boldsymbol{W}_d^{\mathrm{T}}\boldsymbol{W}_d(\boldsymbol{d}^{\mathrm{obs}} - \boldsymbol{d}^k) + \beta\boldsymbol{W}_m^{\mathrm{T}}\boldsymbol{W}_m(\boldsymbol{m}^{\mathrm{ref}} - \boldsymbol{m}^k)
\end{aligned} \qquad (3-83)$$

写成迭代形式：

$$\begin{aligned}
\boldsymbol{m}^{k+1} &= \boldsymbol{m}^k + \Delta\boldsymbol{m} \\
&= \boldsymbol{m}^k + [(\boldsymbol{J}^{k\mathrm{T}}\boldsymbol{W}_d^{\mathrm{T}}\boldsymbol{W}_d\boldsymbol{J}^k + \beta\boldsymbol{W}_m^{\mathrm{T}}\boldsymbol{W}_m)]^{-1}[\boldsymbol{J}^{k\mathrm{T}}\boldsymbol{W}_d^{\mathrm{T}}\boldsymbol{W}_d(\boldsymbol{d}^{\mathrm{obs}} - \boldsymbol{d}^k) + \beta\boldsymbol{W}_m^{\mathrm{T}}\boldsymbol{W}_m(\boldsymbol{m}^{\mathrm{ref}} - \boldsymbol{m}^k)]
\end{aligned}$$
$$(3-84)$$

式(3-84)便是模型参数带约束条件时的最小二乘反演的迭代形式。解方程组可得到模型修正量 Δm，将其加到预测模型参数矢量中，得到新的模型参数矢量；重复该过程，直到总体目标函数符合要求为止。

采用 Tikhonov 正则化方法解决反演问题的不适定性时，式(3-78)中的正则化因子 β 将在反演过程中起关键性的作用(Farquharson & Oldenburg, 2004；陈小斌等，2005；刘海飞等，2007)。当 $\beta \to 0$ 时，由于反演方程的奇异性，必然会增大解的方差，导致反演过程的不稳定，最终会导致反演失败。当 $\beta \to \infty$ 时，解的光滑性和反演过程的稳定性最好，但会严重降低解的分辨率。因此，正则化因子的选择是否合理影响到反演求解过程的成功与失败。这里，我们采用 L 曲线法 (Farquharson & Oldenburg, 2004)。

令 $\zeta = \Phi(m)$ 和 $\eta = S(m)$，则反演过程中的最佳正则化因子计算公式可以表述为：

$$\beta_{\mathrm{best}} = \max_{\beta_{\min} \le \beta \le \beta_{\max}} \left\{ \frac{\zeta'\eta'' - \zeta''\eta'}{[(\zeta')^2 + (\eta')^2]^{3/2}} \right\} \qquad (3-85)$$

式中：ζ' 和 η' 分别表示 ζ 和 η 的一阶导数；ζ'' 和 η'' 分别表示 ζ 和 η 的二阶导数，正则化因子的搜索过程如图 3－15 所示，最佳正则化因子是曲线曲率最大的地方。

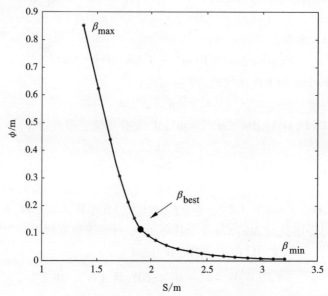

图 3－15　反演过程中的最佳正则化因子

2. 一维定量反演

MT 电法数据一维反演的前提是假设大地电性结构为一维的，即地下介质的电性参数仅随深度方向发生变化、沿水平方向不变。一维反演可分为层状介质反演和连续介质反演，由于层状介质反演初始模型建立时需要处理人员掌握一定的先验资料，所以多应用在井旁大地电磁测深资料的反演过程中。在本次研究区资料处理中的作用包括：

（1）井旁 MT 电法数据反演，建立物性模型；

（2）MT 电法数据一维反演，为三维反演提供初始模型；

（3）通过井旁 MT 正反演研究本区细分层建模的可能性与分辨能力。

针对实测资料有误差存在，且不同测点或频点离差大小也不相同，本次资料处理解释过程中开发并应用了置信度加权反演技术，在反演拟合过程中对不同品质的资料给以不同的重视程度，注重拟合高品质的数据，兼顾低品质的数据。

下面介绍层状介质的一维反演。

因 MT 电法资料的反演实质就是一个拟合过程，使模型的理论计算数据拟合到实测数据上，其数学过程描述如下：

实测的视电阻率数据 $\rho_a(\omega)$ 写成矢量形式有：

$$\boldsymbol{\rho}_a = (\rho_{a1}, \rho_{a2}, \cdots, \rho_{ak})$$

这里：$\rho_{ai}(i = 1, 2, 3, \cdots, k)$ 为不同频率上的视电阻率值。

设地下介质模型参数为

$$\boldsymbol{\lambda} = (\lambda_1, \lambda_2, \cdots, \lambda_n)$$

其中 $\lambda_i(i = 1, 2, 3, \cdots, n)$ 为地下各层介质的电阻率与相应的厚度。

对实测资料作反演实质是寻找一条和实测视电阻率曲线重合最好的理论曲线，这条理论曲线的参数 $\boldsymbol{\lambda}$ 便是实测资料的反演结果。所谓的重合最好通常是指在最小二乘方法意义下理论模型的正演数据和实测数据之间的方差为最小，为此可定义目标函数：

$$\Phi(\lambda) = \sum_{i=1}^{m} \left[\rho_{ai} - \rho_{ci}(\lambda) \right]^2 \qquad (3-86)$$

或为：

$$\Phi(\lambda) = \sum_{i=1}^{m} \left[\ln\rho_{ai} - \ln\rho_{ci}(\lambda) \right]^2 \qquad (3-87)$$

使上式为最小的必要条件是：

$$\frac{\partial \Phi(\lambda)}{\partial \lambda_j} = 0 \quad (j = 1, 2, 3, \cdots, n)$$

对式(3-87)泰勒展开，计算雅可比矩阵，求出模型参数修正量，逐渐搜索到使式(3-87)为极小的模型参数，这就是常规的反演方法，其不足之处是：①如果实测数据中受干扰严重的错误点会影响反演结果，相应会得出错误的模型；②因不可能所有频点都能拟合上，只能寻求在最小二乘意义下的最佳拟合，所以要左右兼顾，顾此也要顾彼。为了避免上述问题，实现对不同质量的数据给予不同的重视程度，我们对目标函数式(3-87)进行改进，乘以一个权系数，变为：

$$\Phi(\lambda) = \sum_{i=1}^{m} W_i \left[\ln\rho_{ai} - \ln\rho_{ci}(\lambda) \right]^2 \qquad (3-88)$$

式中：W_i 为权系数，以数据离差的大小确定，定义为离差的倒数，这样离差大、品质低的数据在目标函数中占较小的权；离差小、品质高的数据占较大的权，在反演过程中对改造后的目标函数进行拟合。

图 3-16 是一个反演实例，常规反演的拟合曲线兼顾了所有实测频点数据，而置信度加权反演的拟合曲线尽量对离差小的资料优先拟合，保证拟合曲线在实测数据离差范围内通过，两者的反演结果比较如图 3-16(b)所示，说明置信度加权反演结果分辨率高，真实客观。

接下来我们讨论连续介质的一维反演。将大地介质分成一系列的薄层，当每层的厚度一定时，只有电阻率为真正要反演的参数，这样模型参数 M 可表示为：

$$M = (\rho_1, \rho_2, \cdots, \rho_N) \qquad (3-89)$$

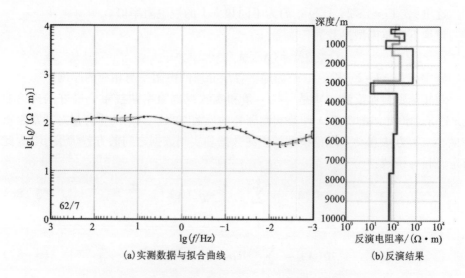

(a)实测数据与拟合曲线　　　　　　(b)反演结果

[　：以误差棒方式表示的实测数据
—　：常规反演方法的拟合曲线(a)及反演的深度-电阻率模型(b)
—　：置信度加权反演方法的拟合曲线(a)及反演的深度-电阻率模型(b)

图 3 – 16　常规反演方法与置信度加权反演方法对比图

式中：$M > N$（N 为实际地电模型的层参数）。采用 MT 电法一维连续介质反演方法，前提条件需要假定地下介质沿深度(纵向)是连续变化的。因此，为了适应反演方法的要求，在纵向上需离散化，即用一系列薄层来描述介质的电性分布。一维连续介质反演就是通过最佳拟合大地电磁响应函数(视电阻率、阻抗相位)，求各个薄层的电阻率值。

在实际进行 MT 电法资料一维连续介质反演时，我们主要采用下列方法和技术：

(1)从高频到低频，以各频率的趋肤深度对模型进行离散化；

(2)用 Bostick 近似反演结果做各薄层的初始电阻率值；

(3)以剖面为处理单元，每次迭代从第一个测点至最后一个测点，按一维模型，采用最小二乘法迭代，求测点下各薄层电阻率的修改量，并作修正，直至理论值与实测值达到最佳拟合为止。

定量反演计算是从半定量到定量、从一维到二维的过程进行的，各步应有较好的连贯性，后一步是在前一步工作的基础上进行的。对于半定量的和一维反演的计算有个选支问题，为此我们进行了模型试验。首先，设计了一个典型的二维地电模型(图 3 – 17)，然后对该模型计算出理论响应值，包括：TE 极化模式曲线、TM 极化模式曲线和有效视电阻率(李爱勇等,2011),再对 MT 电法响应数据进行一维连续介质反演,得到三个结果,如图 3 – 17(a)~图 3 – 17(c)所示。从反演结果可以看出:采用有效视电阻率的反演结果与设计的理论模型最为一致。因此,本次研究区 MT 电法资料的一维反演以有效视电阻率曲线作为反演解释的观测曲线。

　　而在二、三维的 MT 电法勘探中,一维反演常作为一个中间环节,在对最终解释成果的定性评价及质量控制中发挥作用,其成果为下一步的反演提供初始模型。

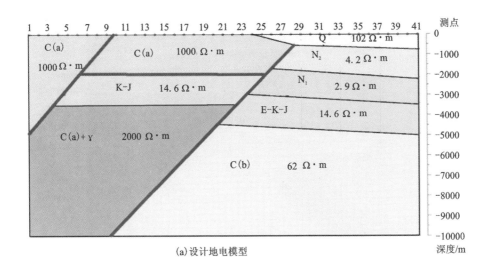

(a)设计地电模型

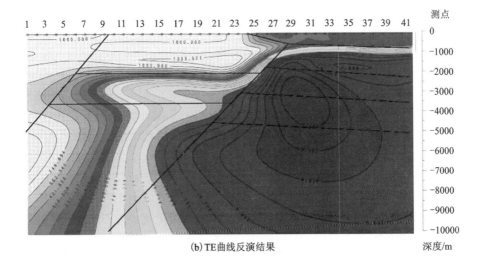

(b)TE曲线反演结果

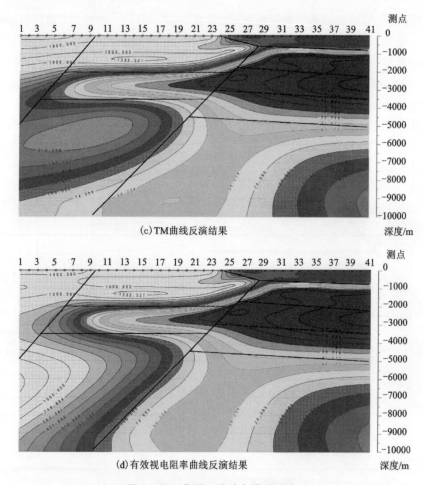

(c) TM曲线反演结果

(d) 有效视电阻率曲线反演结果

图 3 – 17　曲型二维地电模型试验

3. 二维定量反演

MT 电法二维反演是假定大地电性结构为二维的，即地下介质的电性在垂直于勘探剖面的方向上不变，而是沿剖面方向和随深度方向发生变化的一种反演方法。与一维反演相比，二维反演的假设更接近于真实的地电情况。

利用矩形将剖面网格化，模型参数 m 可表示为：

$$m = (\rho_{1,1}, \cdots, \rho_{i,j}, \cdots, \rho_{M,N}) \tag{3－90}$$

其中：$\rho_{i,j}$ 是第 i 层第 j 个网格单元的电阻率，M 为垂直方向上网格的层数，N 为水平方向上网格的数目。二维反演计算中，不同的极化模式(TE 和 TM)的数据目标函数也对视电阻率和阻抗相位同时拟合，表示为：

$$\Phi(m) = \sum_{i=1}^{N_x} \sum_{j=1}^{N_T} \left(\frac{\rho_{aij} - \rho_{cij}}{\rho_{aij}} \right)^2 + \sum_{i=1}^{N_x} \sum_{j=1}^{N_T} \left(\frac{\varphi_{aij} - \varphi_{cij}}{\varphi_{aij}} \right)^2 \qquad (3-91)$$

式中：N_x 为测点数；N_T 为周期个数；ρ_{aij} 和 ρ_{cij} 分别为测点 N_i、信号周期 T_j 时实测的视电阻率和模型响应的视电阻率；φ_{aij} 和 φ_{cij} 分别为测点 N_i、信号周期 T_j 时实测的阻抗相位和模型响应的阻抗相位。

在实际进行 MT 电法二维反演时，主要采用以下方法和技术：

（1）采用一维连续介质反演结果，并对反演的各个薄层的电阻率和厚度沿测点求平均值，生成二维反演的初始模型；

（2）用双二次插值的矩形单元剖分的有限单元法作二维正演计算，获得高精度的正演结果；

（3）计算灵敏度函数、构造光滑约束矩阵，采用最小二乘法求各矩形单元相应的电阻率值修正量。

为了验证反演方法的准确性，我们给出了一个理论模型的二维反演实例。构造的简单二维地电模型如图 3-18 所示：在电阻率为 100 Ω·m 的均匀半空间中，存在电阻率为 10 Ω·m 的低阻异常体，且其在水平方向上的位置为 3000 m 至 5000 m 之间、深度方向上的位置为 -1000 m 至 -3000 m 之间。

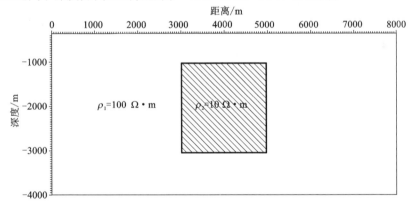

图 3-18　简单二维地电模型示意图

反演计算过程中的模拟测点数设置为 17 个（点距 500 m），并采用 11 个记录频点（0.01，0.03，0.1，0.3，1，5，10，15，30，50，100 Hz）。利用有限单元法对该二维地电模型进行正演计算，并对正演模拟所得的响应数据（TE 曲线、TM 曲线和有效视电阻率曲线）进行 Bostick 反演，结果如图 3-19 所示。与真实模型相比，三种响应曲线的 Bostick 反演结果基本上圈定了低阻异常体的位置、延伸范围，且异常体的反演电阻率数值基本逼近真实值。从反演结果可以看出：采用有效视电阻率曲线的反演结果与设计的理论模型最为一致，且异常体的位置和大小都得到了很好的反映。

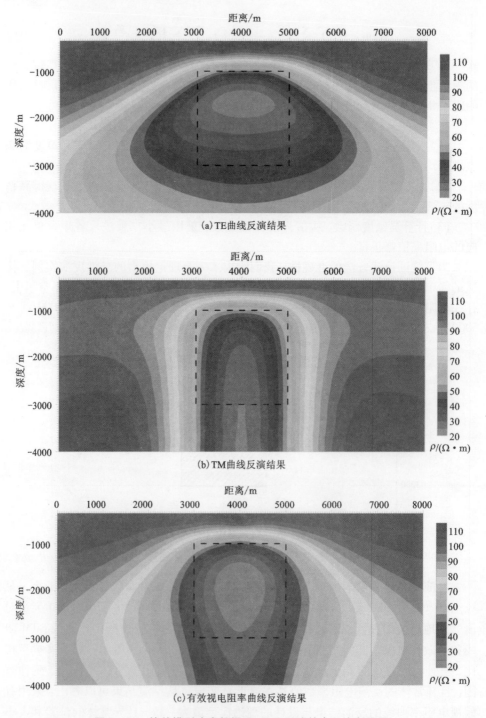

(a)TE曲线反演结果

(b)TM曲线反演结果

(c)有效视电阻率曲线反演结果

图 3 - 19　简单模型响应数据 Bostick 反演的电阻率断面图

对 TE 极化模式和 TM 极化模式正演模拟所得的响应数据进行二维反演，并取一维连续介质反演的结果作为二维反演的初始模型。

对 TE 极化模式的响应数据反演迭代 8 次，数据目标函数拟合差为 0.063，说明反演计算收敛，反演结果如图 3 – 20 所示。从图上可以看出，反演结果真实地反映了模型的地电参数，准确地掌握了异常体的深度及大小。

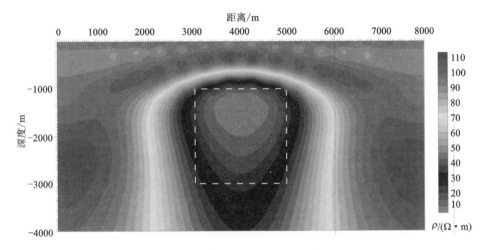

图 3 – 20 TE 模式响应数据二维反演的电阻率断面图

将模型反演计算的预测数据与实际的观测数据进行对比分析，如图 3 – 21 所示。不论是观测视电阻率数据，还是阻抗相位数据，都与其实际观测数据吻合较好，也说明了反演方法的有效性。

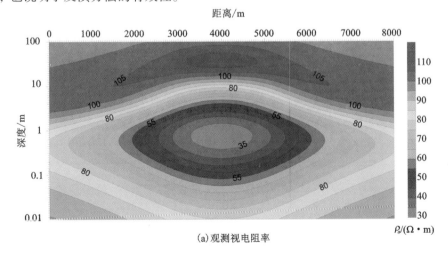

(a) 观测视电阻率

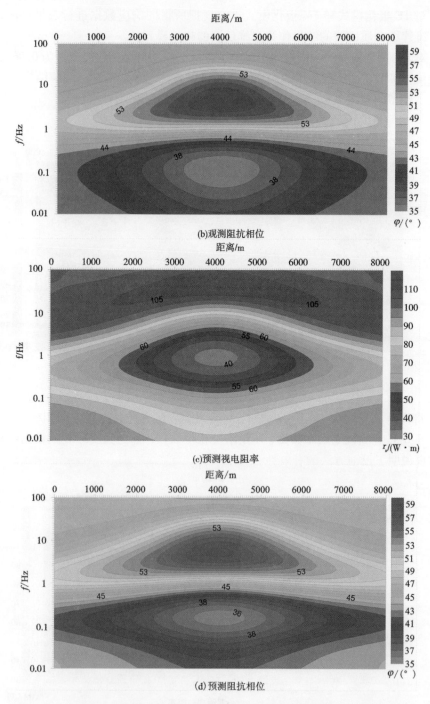

图 3 - 21　简单二维模型 TE 模式下观测数据与反演结果模型响应数据对比图

对 TM 极化模式的响应数据反演迭代 8 次，数据目标函数拟合差为 0.029，说明反演计算收敛，反演结果如图 3 - 22 所示。从图上可以看出，反演结果也真实地反映了模型的地电参数，并准确地把握了异常体的深度及大小。

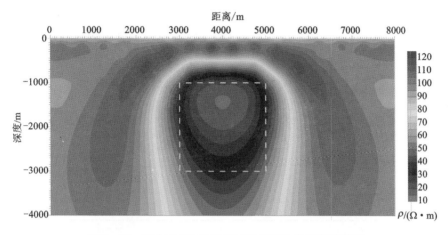

图 3 - 22　TM 模式响应数据二维反演的电阻率断面图

同样，将模型反演计算的预测数据与实际的观测数据进行对比分析，如图 3 - 23 所示，观测视电阻率数据与阻抗相位数据，都与其实际观测数据基本吻合，也说明了反演方法的有效性。

另外，我们可以对 TE 极化模式与 TM 极化模式的响应数据进行联合反演，反演结果如图 3 - 24 所示。从图上可以看出，联合反演结果优于单一模式的反演结果，更能真实地接近模型的地电参数。

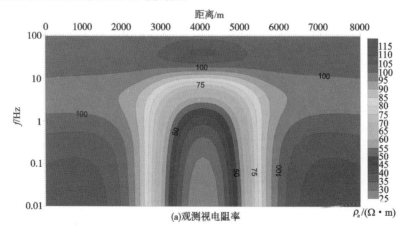

(a)观测视电阻率

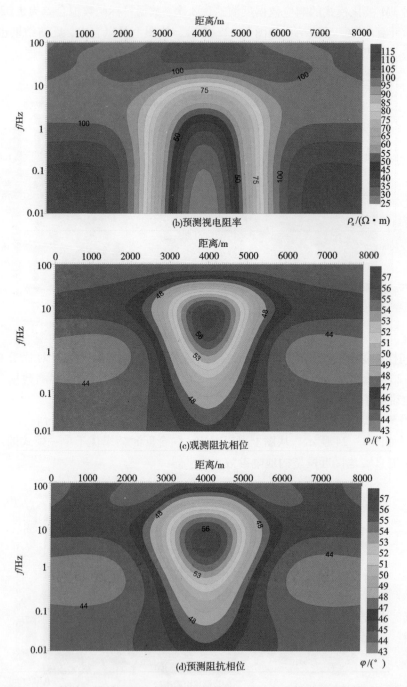

图 3 – 23　简单二维模型 TM 模式下观测数据与反演结果模型响应数据对比图

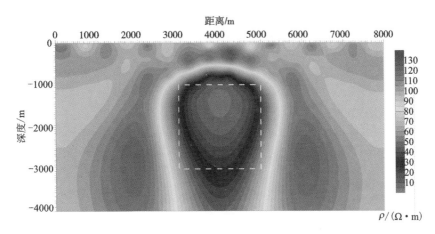

图 3 – 24 TE&TM 模式响应数据二维反演的电阻率断面图

4. 三维定量反演

MT 电法三维反演是假定大地电性结构为三维的,需要把研究区域沿三个坐标轴方向进行网格化,此时每个网格为一个长方体,模型参数 m 可表示为:

$$m = (\rho_{1,1,1}, \cdots, \rho_{i,j,k}, \cdots, \rho_{M,N,K}) \tag{3-92}$$

式中: M、N、K 分别表示三个坐标轴方向上的网格数。

三维反演计算中,数据目标函数可以对视电阻率和阻抗相位进行拟合,也可以对四个阻抗的实部和虚部同时拟合,这时的数据目标函数为:

$$\varphi(m) = \sum_{n=1}^{2N} \left[(Z_n^{\mathrm{obs}} - Z_n)^2 \right] \tag{3-93}$$

式中: Z_n^{obs} 是观测数据的阻抗实部和虚部; Z_n 是通过模型参数来生成的阻抗实部和虚部,前 N 个数据点之和是阻抗的实部,后 N 个数据点之和是阻抗的虚部。

在三维构造发育地区进行三维勘探无疑是科学合理的,否则勘探解释结果和实际情况会有较大偏差。本次研究区进行 MT 电法三维反演具体步骤是:

(1)以一维连续介质反演成果作三维反演的初始模型,这样能有效地减少三维反演过程中的非唯一性问题;

(2)根据初始模型进行三维有限元正演,将正演结果和实测资料进行对比并给出初误差分布情况;

(3)根据大地电磁三维灵敏度矩阵分布特征和误差分布资料,采用最小二乘迭代的方法给出测点模型的改正量,直至找到满足目标函数的解;

(4)重复上述 1 – 3 步,直至找到目标函数的最优值。

为了评价方法的反演效果,我们给出了两个理论模型的三维反演实例。选用的第一个模型为长方体二维模型，如图 3 – 25 所示：长方体的走向为 x 方向，在电阻率 $100\ \Omega \cdot m$ 的均匀半空间中，存在电阻率为 $0.5\ \Omega \cdot m$ 的低阻异常体，且异常体在 y 方向上的位置为 – 1000 m 至 1000 m 之间，顶面埋深为 250 m。

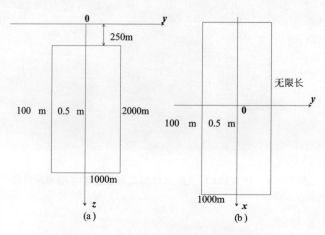

图 3 – 25　二维长方体地电模型的切片图
(a) 在 x = 0 m 处；(b) 在深度 1000 m 处

利用有限单元法进行三维正演计算的网格为 $N_x = 30$、$N_y = 30$ 和 $N_z = 28$，对所示模型进行正演计算后，MT 电法响应函数值加入 5% 的随机误差，用来模拟实测数据。取一维连续介质反演结果作为三维反演的初始模型，MT 电法三维反演结果如图 3 –26 所示。从图 3 –26 可以看到：反演结果不但很好地反映了二维长方体的形态和走向，还得到了与真实模型相近的电阻率值，说明反演结果是较为正确的。

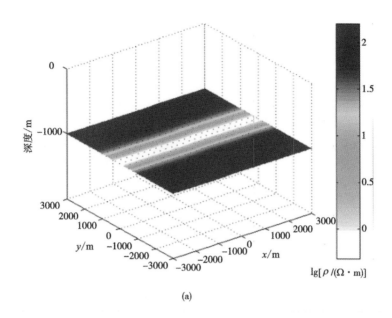

(a)

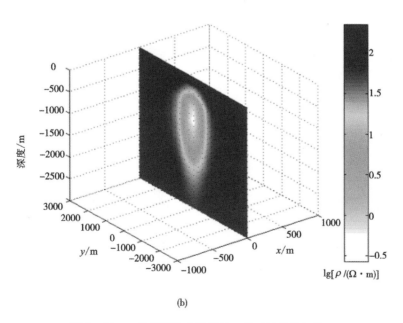

(b)

图 3 - 26　二维模型响应数据的三维反演结果切片图

（a）在深度 1000 m 处；（b）在 x = 0 m 处

选用的第二个地电模型如图 3 – 27 所示：围岩电阻率 100 Ω·m，其中包含了 4 个 10 Ω·m 的小三维体（200 m × 200 m × 200 m）和一个 10 Ω·m 的大三维体（1000 m × 1000 m × 500 m）。

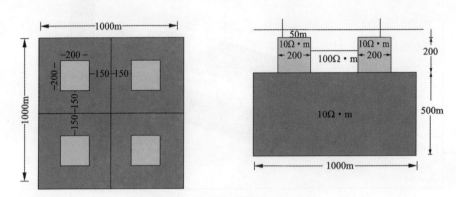

图 3 – 27 设计模型顶视图和侧视图

利用有限单元法对该模型进行正演计算，三维正演计算结果如图 3 – 28 ~ 图 3 – 29 所示，频率 1000 Hz 与 1 Hz 的视电阻率值都能定性地反映模型的地电参数。

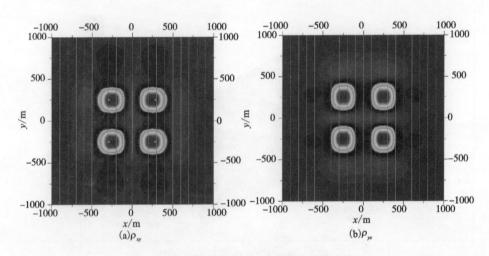

(a)ρ_{xy} (b)ρ_{yx}

图 3 – 28 频率 1000 Hz 时视电阻率响应值

对正演数据进行三维正则化反演，结果如图 3 – 30 ~ 图 3 – 31 所示，– 200 m 的位置切到了 4 个模型中的 4 个小三维体，– 500 m 的位置切到了 10 Ω·m 的大三维体，反演结果和设计模型吻合，说明了反演方法的有效性。

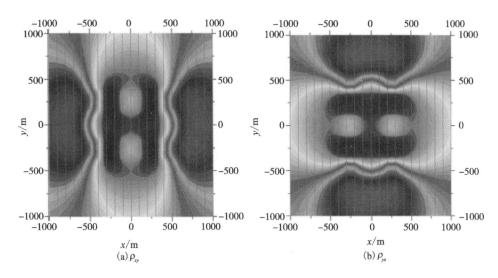

图 3 – 29　频率 1 Hz 时视电阻率响应值

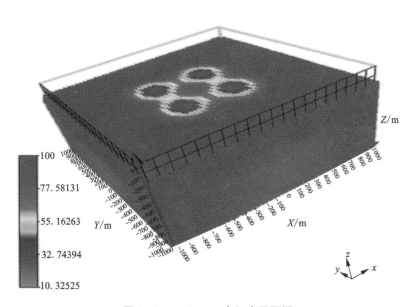

图 3 – 30　 – 200 m 电阻率平面图

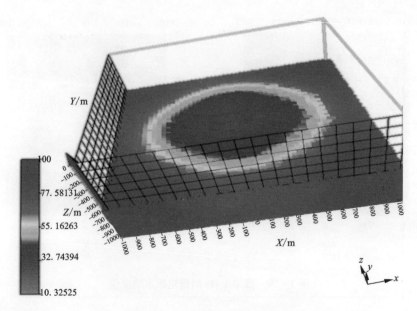

图 3 - 31   - 500 m 电阻率平面图

3.5.3   反演成果分析

对研究区的 MT 电法实测资料进行了三维反演计算，结果如图 3 - 32 ~ 图 3 - 33所示。从 MT 电法三维反演结果来看，电阻率异常特征总体呈"西北高，东南低"。从上到下，电阻率总体表现为由低到高的中低－高－低－高的变换特征，东南部较为明显。

浅表主要分布较薄中低阻层，海拔大致在 400 m 至 100 m 之间，水平方向上连续性较好，呈层状分布；薄低阻层之下为高阻层，海拔大致在 100 m 至 - 1500 m 之间，水平方向上连续性一般，东南部多为团块状分布，由东南向西，层厚逐渐增大。

低阻区位于中上部，海拔大致在 400 至 - 1200 m 之间，呈团块状分布于中上部高阻区内，东南部较为明显，低阻团块分布不规律，局部出现高阻团块，这表明电阻率在平面上连续性较差，变化较大。

在低阻区域之下为电阻率值逐步增大的高阻区，在研究区西北部，具有一定规模的高阻电性异常，为花岗岩引起。

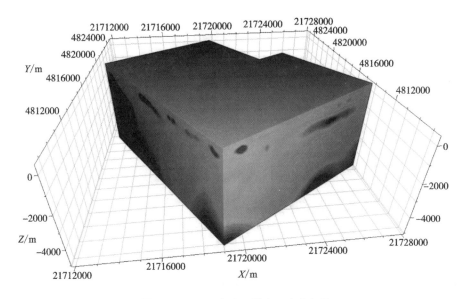

图 3 - 32　MT 电法三维电阻率数据体

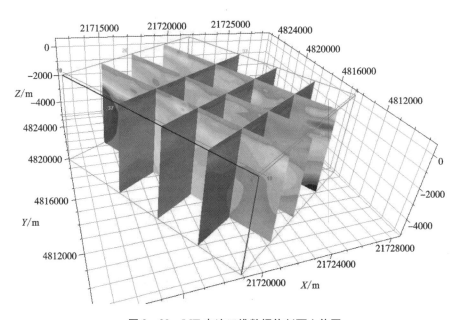

图 3 - 33　MT 电法三维数据体剖面立体图

当地层间电性变化不大，且分布较深时［图 3 - 34（a）］，二维反演断面显示的异常往往很低缓［图 3 - 34（b）］，地质解释较为困难。对此，我们开发了薄层低缓异常鉴别技术——残差法。具体做法是：通过低通滤波的方法（如延拓法、圆滑法等）从二维反演电阻率断面中获得区域场断面。然后从反演断面中减去该区域场断面，得到电阻率残差断面，如图 3－34(c)所示，断面中有效地鉴别出了二维反演断面显示不明显的薄层异常体的分布范围[图 3－24(b)中二维电性模型中 250 Ω·m 电性体的分布]。

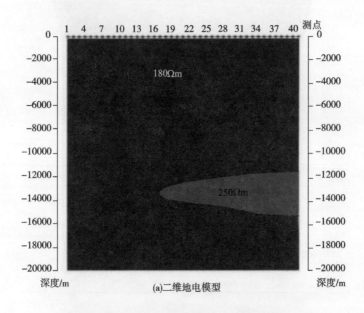

(a)二维地电模型

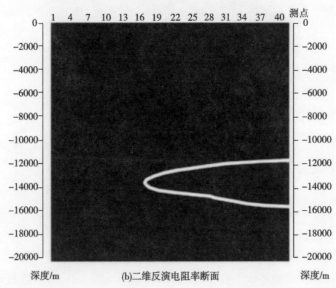

(b)二维反演电阻率断面

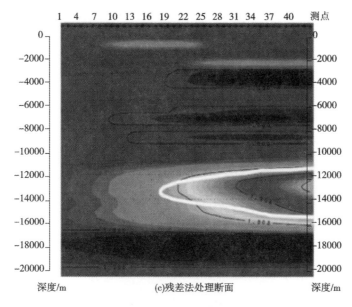

图 3 - 34　残差法反演模型试验图

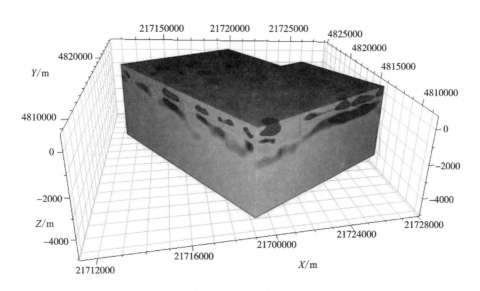

图 3 - 35　MT 电法残差法三维数据立体图

图 3 - 35 是 MT 电法差法三维数据立体图, 而图 3 - 36 是 MT 电法残差法三

维数据体切片图。从 MT 电法残差法三维反演结果来看，上部表现为明显的不规则中高值区，在水平方向上连续性较好，中上部为低值区，在水平方向上具有一定的连续性，底部为相对高值区，同样在水平方向上连续较好。

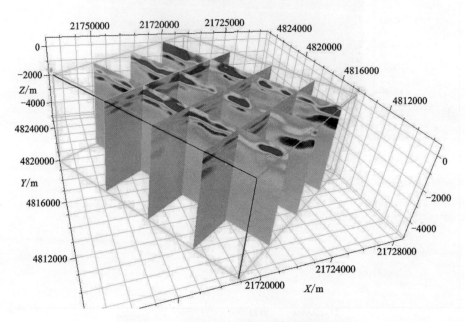

图 3 – 36　MT 电法残差法三维数据体切片图

第 4 章　重磁响应特征及数据处理

根据野外测得的重磁数据来判断和确定引起场源的几何参数(位置、形状、大小、产状)及物性参数(密度、磁化强度的大小和方向等),是重磁异常解释的重要组成部分。实测的重磁异常是地下由浅至深各类地质体的综合叠加效果,简单通过野外采集的原始重磁资料难以全面地区分地下目标体与周围地质体有关的信息。因此,我们必须利用现代计算机数据处理技术,从综合叠加场中将要研究的目标场分离或提取出来,并尽可能压抑或消除干扰噪声,增强有用信息,以提高利用重磁异常综合解决复杂地质问题的能力(周锡明,2016)。

4.1　重磁响应特征

4.1.1　球体重力异常响应

在实际重力勘探工作中,一些近于等轴状的地质体,如矿巢、矿囊、岩株、穹隆构造等,都可以近似当作球体来计算它们的重力异常,特别当地质体的水平尺寸小于它的埋藏深度时,效果更好。

为了简便,我们在下面的计算中,总是把地面当作水平面,亦即 XOY 坐标面, Z 轴铅垂向下,代表重力方向。

对于均匀球体来说,它与将其全部剩余质量集中在球心处的点质量所引起异常完全一样。设球心的埋藏深度为 D,球的半径为 R,剩余密度为 σ,则它的剩余质量为 $M = \dfrac{4}{3}\pi R^3 \sigma$。将坐标原点选在球心对地面的投影处,则球体重力异常 Δg 的表达式为(曾华霖,2005):

$$
\begin{cases}
\Delta g = \dfrac{GMD}{(x^2 + D^2)^{3/2}} \ (\text{二度球体}) \\[2mm]
\Delta g = \dfrac{GMD}{(x^2 + y^2 + D^2)^{3/2}} \ (\text{三度球体})
\end{cases}
\tag{4-1}
$$

式中: $G = 6.67 \times 10^{-11} \mathrm{N \cdot m^2/kg^2}$, D 的单位为 m, M 的单位为 t(吨)。

在原点处,重力异常取得极大值为:

$$
\Delta g_{max} = \frac{GM}{D^2}
\tag{4-2}
$$

下面来分析均匀球体的重力异常。取 $R = 50$ m, $D = 100$ m, $\sigma = 1 t / m^3$，则可得到三度球体的重力异常(图 4 – 1)。从图上可以看到，球体的重力异常等值线是以球心在地面的投影点为圆心的不等间距的同心圆。

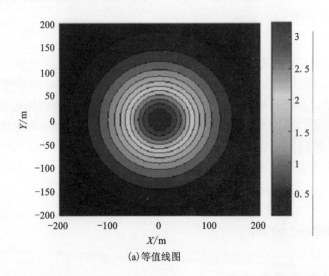

(a)等值线图

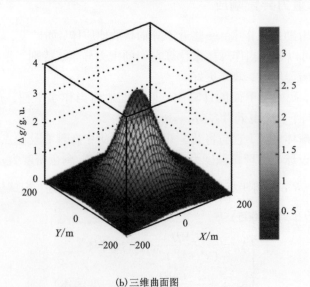

(b)三维曲面图

图 4 – 1　三度球体重力异常

4.1.2　球体磁力异常响应

球体磁力异常响应的正演公式为(管志宁, 2005):

$$
\left.
\begin{aligned}
H_{ax} &= \frac{\mu_0}{4\pi} \frac{m}{(x^2+y^2+R^2)^{5/2}} \big[(2x^2 - y^2 - R^2)\cos I \cos A' \\
&\quad - 3Rx\sin I + 3xy\cos I \sin A' \big] \\
H_{ay} &= \frac{\mu_0}{4\pi} \frac{m}{(x^2+y^2+R^2)^{5/2}} \big[(2y^2 - x^2 - R^2)\cos I \sin A' \\
&\quad - 3Ry\sin I + 3xy\cos I \cos A' \big] \\
Z_a &= \frac{\mu_0}{4\pi} \frac{m}{(x^2+y^2+R^2)^{5/2}} \big[(2h^2 - x^2 - y^2)\sin I \\
&\quad - 3Rx\cos I \cos A' - 3Ry\cos I \sin A' \big]
\end{aligned}
\right\}
\tag{4-3}
$$

$$
\Delta T = H_{ax}\cos I \cos A' + H_{ay}\cos I \sin A' + Z_a\sin I \tag{4-4}
$$

式中: R 为球体中心埋深; m 为球体磁矩, 且 $m = MV$(M 为磁化强度, V 为球体体积); I 为磁化倾角; A' 为观测剖面与磁化强度水平投影夹角。

下面来分析均匀球体的磁异常。假设球体中心埋深 $R = 15$ m, 半径 $r = 10$ m, $k = 0.015$, 当地磁场 $B = 50000$ nT。

(1)取模型为垂直磁化球体模型, 即当 $I = 90°$ 时, 地面引起的磁力异常如图 4-2所示;

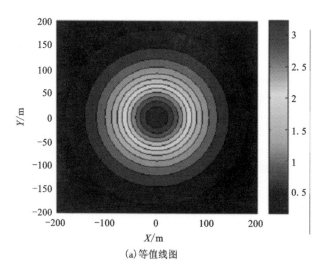

(a)等值线图

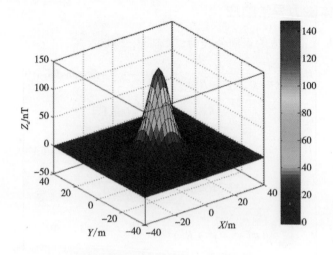

(b)三维曲面图

图 4－2　垂直磁化球体模型的磁异常 Z_a

（2）当 $A' = 45°$，$I = 0°$ 时，地面引起的磁力异常如图 4－3 所示；

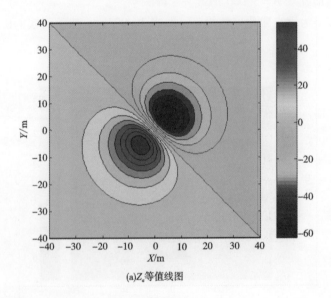

(a)Z_a等值线图

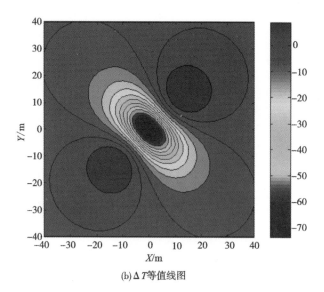

(b)ΔT等值线图

图 4 − 3　$A' = 45°$, $I = 0°$ 的球体模型的磁异常图

（3）当 $A' = I = 45°$ 时，地面引起的磁力异常如图 4 − 4 所示。

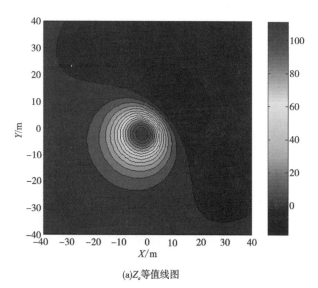

(a)Z_a等值线图

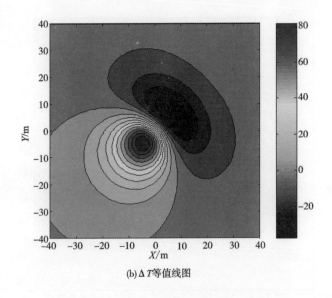

(b) ΔT 等值线图

图 4 – 4 $A' = I = 45°$ 的球体模型的磁异常图

（4）当 $A' = I = 0°$ 时，地面引起的磁力异常如图 4 – 5 所示。

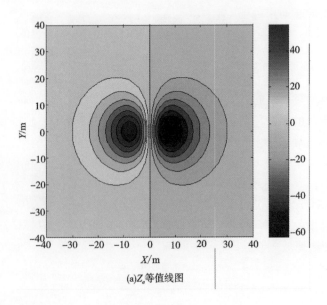

(a) Z_a 等值线图

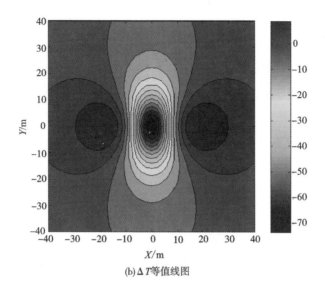

(b)ΔT等值线图

图 4 - 5　$A' = I = 0°$的球体模型的磁异常图

4.2　重磁数据处理方法

4.2.1　重磁异常解释思路

由于实测的重力、磁力异常是地下由浅至深各类异常源的综合叠加效应，因此如何取得精确的正常场和区域背景场，如何把与勘探目标有关的目标异常从叠加异常中提取或分离出来，一直是重磁资料处理中的一个关键问题。此外，如何有效压制或消除干扰噪声，提取或增强有用弱异常信息，以提高利用重磁异常综合解决复杂石油地质问题的能力，也一直是地球物理工作者致力于解决的课题（张凤旭等，2006；徐世浙等，2009）。随着信号处理技术的发展，场分离技术除了常规不同高度的延拓、滑动平均法、垂向二次导数等外，目前还涌现出小波多尺度分解、带通滤波等新技术（杨文采等，2001；张凤旭等，2007；刘天佑，2007；方东红等，2008）。

本次研究区重磁数据处理的具体的内容与目的详见表 4 - 1。

表 4－1　重磁数据处理的内容与目的

基本场	处理内容	地质目的
重力异常	向上延拓	了解重力场衰减特征，区分深源(低频)和浅源(高频)场；提取局部异常，分析区域构造与局部构造特征
	小波变换(3 阶)	
	垂向二阶导数	
	小子域滤波	划分断裂，了解断裂位置和展布特征
	方向水平导数	
	三维重力物性反演	反演地下三维空间密度的分布
磁力异常	化极 (2015 年磁倾角：61.16°， 磁偏角：－9.78°)	简化磁异常
	向上延拓	了解磁力场衰减特征，区分深源(低频)和浅源(高频)场；提取局部异常
	小波变换(3 阶)	
	三维磁力物性反演	反映地下三维空间磁化率的分布

　　三维重磁异常的综合地质解释，必须以地质为基础，以物性为前提，建立该区地质－地球物理模型。然后根据模型，选择模型参数和解释方法，作出重磁异常的初步地质解释成果。再结合已知的地质、地球物理资料进行反复优化，最终求得符合实际的最佳地质地球物理模型，并进行地质解释。依据此思路，我们给出了三维重磁数据处理解释流程图，如图 4－6 所示。

　　通过重力场的分离，分析出区域构造与局部构造的重力效应，通过线性异常的加强和处理获得断裂信息，通过重力三维物性反演得到地质体密度的分布特征；通过磁力场的分离获得磁性体的分布特征，通过磁力三维物性反演得到磁化率的分布特征；最终，通过重－磁资料结合物性、电法、地震、钻井、地质等资料进行正反演定量计算，经反复分析、解释，最终得到最佳的地质解释成果。

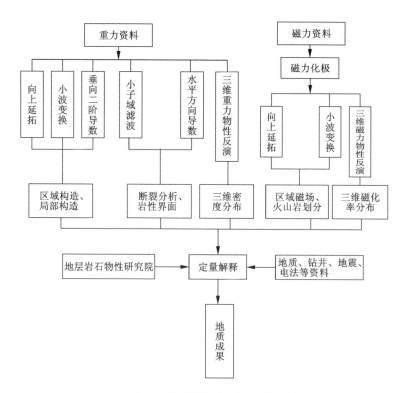

图 4-6 三维重磁数据处理解释流程图

4.2.2 重磁数据处理方法简介

重磁勘探数据处理方法及原理简介如下:

1. 向上延拓

重磁异常解释中,通常需要由观测平面上的 Δg 或 ΔT 换算出场源以外任意点上的 Δg 或 ΔT。利用平面上的重磁异常换算到高于这个平面上任意点的重磁异常,其理论是以"诺依曼"无限平面外部问题为基础。

由一个已知某观测面内的重磁异常来计算不包含场源的不同高度上的重磁异常,可归结为求解如下的数学物理方程边值问题:

$$\begin{cases} \dfrac{\partial^2 f(x, y, z)}{\partial x^2} + \dfrac{\partial^2 f(x, y, z)}{\partial y^2} + \dfrac{\partial^2 f(x, y, z)}{\partial z^2} = 0 \\ f(x, y, z)\big|_{z=0} = f(x, y, 0) \\ f(x, y, z)\big|_{z=\infty} = f(x, y, 0) \end{cases} \quad (4-5)$$

式中: $f(x, y, 0)$ 为观测平面内的已知位场函数(重力异常或磁力异常); $f(x, y, z)$

为所求位场函数。根据格林公式不难求得其解为：

$$f(x,\,y,\,z) = \frac{-z}{2\pi} \int_{-\infty}^{\infty}\!\!\int_{-\infty}^{\infty} \frac{f(\xi,\,\eta,\,0)}{[\,(x-\xi)^2 + (y-\eta)^2 + z^2\,]^{3/2}} \mathrm{d}\xi \mathrm{d}\eta \qquad (4-6)$$

向上延拓是位场勘探数据处理中一种常用的提取背景场的方法。由观测平面的重磁异常推算出高于它的平面重磁异常的过程称为向上延拓，反之则称为向下延拓。由于重磁场值与场源到测点距离的平方成反比，对于深度相差较大的两个场源体来说，进行同一高度的延拓，它们各自的异常减弱的速度是不同的。因此利用向上延拓可以判别异常源的埋深及延伸等特征，进而可以通过选择反映深部场源的最佳延拓高度，使浅部场源信息基本消失，突出深源场特征（周锡明，2016）。此方法常用来提取区域场，以求剩余场。

2. 垂向二阶导数

重磁异常的垂向导数比异常本身更易反映随异常埋深的加大而衰减的特征，并且导数阶次越高，衰减也越快（曾琴琴，2015）。因此，异常高阶导数有助于提高垂向的分辨能力，并可划分不同深度和大小异常源产生的叠加异常。

垂向二阶导数计算相当于一个高通滤波器，它在放大高频成分的同时又压制低频成分，因此可用垂向二阶导数异常突出局部异常。

3. 水平方向导数异常

水平方向导数异常是强化断裂构造信息的一种行之有效的方法，不同方向的水平导数可以突出与之相垂直的异常展布特征，从而较准确地推测断裂构造在地面的投影位置。水平方向导数可以宏观显示线性构造的整体面貌。

为了加强重力梯级带信息，首先对重力数据进行小子域滤波，然后对小子域滤波后的重力数据计算水平方向导数，得到断裂的重力异常信息。当然，水平方向导数异常图上，并非所有的极值线反映的都是断裂，地层岩性变化以及不同的密度界面均有可能引起梯度异常。因此，应当结合区内地质构造、地表地质以及物性资料综合分析。

4. 小波变换

小波变换是近年来发展起来的一种分离异常的方法，它通过一个小波母函数作扩展与平移变换，构造出一组不同尺度的基函数，把异常分解成不同尺度的成分，从而做到既反映异常的整体频谱特征，又能保留任一局部范围的变化细节。不同阶次的小波变换可以分离出不同尺度的异常，从而将重磁异常分解到不同尺度空间中，尺度大小决定了重磁异常所反映的地质体规模和埋深的大小。我们可以根据地质目标来组合小波函数，选择合适的高阶逼近，来实现地质意义上的分解，细节异常常用于局部构造（或圈闭）的显示，逼近异常用于区域异常的对比（周锡明，2016）。

5. 三维重磁反演

1）几何反演和物性反演

三维重磁反演是重磁资料定量解释中的重要环节之一，和其他地球物理方法一样，重磁资料解释的目的在于利用某种数据处理方法对地面或航空等实测重磁数据计算出地下的密度或磁化率物性分布规律，从而达到寻找目标地质体的目的。虽然很容易找到满足数据拟合空间的地质 - 地球物理模型，但是由于重磁场的体积效应、有限观测数据的不准确性及反演问题的欠定性等多种因素的影响，反演结果往往产生多解性，从而很难得到一个符合实际情况的解。这就需要在反演过程中添加一些约束条件及先验信息，对解释地质 - 地球物理模型进行一些条件限制。

对于反演地质 - 地球物理模型可用场源目标体的形状或遍历地下半空间的物性值大小（密度或者磁化率）来表示。这就产生了两种完全不同的反演方法：几何反演和物性反演。几何反演是在地下半空间场源体给定物性参数的基础上，利用观测异常来拟合几何体（如多边形或多面体）形状大小，通过几何体的形状大小来模拟目标体的分布规律。物性反演是将观测区域地下半空间离散化成规则的网格单元，通过反演方法确定各离散单元的物性数值，由物性的分布确定场源的实际分布情况。早期以几何反演为主，主要应用于沉积层及磁性等基底界面反演以及形态简单的场源体反演等。随着计算机计算能力的提高，物性反演后来居上并且从二维发展为三维，逐渐成为国内外重磁反演的主要方向。

2）三维重磁物性反演

由于地球物理反演问题的多解性，在没有约束的情况下，重磁反演一般都是病态的。病态问题的反演是不稳定的，在物性反演中，表现为反演的物性结果分布相当凌乱，高频成分、虚假成分多，根据反演的结果往往无法确定场源的形态，地质意义不明确。约束的作用实际上是避免出现一些明显不合理的结果。例如：先验参数范围约束就是根据地质工作确定的岩石类型，或推断估计的地质体范围的上下边界和延伸方面的信息，将其转化成约束，依此来控制反演过程。例如根据重力异常反演场源的密度分布，可以事先给定密度的变化范围，即最大和最小密度值。这类约束反演的结果会比没有约束的反演结果要好，但仅依靠这类约束，往往还得不到理想的反演结果，必须结合其他约束。此次重磁资料的约束反演工作是在 OCCAM 反演的基础上使用了地电参数的约束反演完成的。对于先验信息，采用权系数来反映其确定性，模型参数权系数取值范围为 $0 \leqslant C \leqslant 1$。实际运用中为了加快反演速度，对于确定性强的先验信息，采用绝对方法进行约束，强迫它接受约束的值，权系数设为 1，对于确定性弱的先验信息，权系数设为 0。为平衡目标函数与先验模型函数的作用，我们给约束项也加了权重系数，用于调整约束项在目标函数中所起作用的大小，使观测数据能够得到充分拟合，同时反演模型也能够满足先验信息。

为了有效抑制反演迭代过程中产生的冗余构造，并提高解的稳定性，OCCAM 反演在目标函数中引入了模型粗糙度，并将模型粗糙度（R_1）定义为（DeGroot – Hedlin& Constable, 1990）：

$$R_1 = \| \partial m \|^2 \qquad (4-7)$$

反演计算的目标函数为：

$$U = R_1 + \mu^{-1} \{ \| Wd - WF(m) \|^2 - X^2 \} \qquad (4-8)$$

式中：μ^{-1} 为拉格朗日乘子，d 为观测数据，X^2 反演要求达到拟合差。

将非线性函数 $F(m)$ 进行线性化处理，则有：

$$U = R_1 + \mu^{-1} \{ \| W[d - F(m_1) + J_1 m_1] - WJ_1 m_2 \|^2 - X^2 \} \qquad (4-9)$$

式中：J_1 是雅可比矩阵。

为得到较小模型粗糙度矩阵和避免反演问题发散，定义一个拉格朗日乘子的新模型集，即：

$$G(\mu) = (1-a) m_k + a m_{k+1}(\mu) \qquad (4-10)$$

式中：a 为搜索步长，将其连续平分直到获得一个合适模型。

光滑约束是一种较为宽松的约束，未包含确定性的或者较为严格的先验信息，对反演多解性的压制作用是有限的。地电参数的约束反演就是将先验地电信息（地质、地球物理等前期成果资料）映射到先验地电模型中，然后在常规的目标函数中加入地电模型约束项。反演采用的目标函数与一般 OCCAM 反演的目标函数（式 4 – 9）相同，只是对 OCCAM 反演粗糙度进行改进，加入先验地电模型约束项：$\alpha \| C(m - m_0) \|^2$

$$\begin{cases} R_1 = \alpha \| C(m - m_0) \|^2 + \| \partial m \|^2 \\ R_1 = \alpha \| C(m - m_0) \|^2 + \| \partial_y m \|^2 + \| \partial_z m \|^2 \end{cases} \qquad (4-11)$$

式中：α 为约束项的权重系数，用于调整约束项在目标函数中所起作用的大小；m_0 为先验地电模型；m 为反演迭代过程中的当前模型；C 为约束矩阵，其元素在已知地电参数分布的区域为 1，其他则为 0。

经与类似 OCCAM 反演算法的推导，可得到地电参数约束反演的迭代格式为：

$$m_2 = [\alpha\mu C^T C + \mu \partial^T \partial + (WJ_1)^T WJ_1]^{-1} \cdot [(WJ_1)^T Wd_1 + \alpha\mu C^T C m_0] \qquad (4-12)$$

或

$$m_2 = [\alpha\mu C^T C + \mu(\partial_y^T \partial_y + \partial_z^T \partial_z) + (WJ_1)^T WJ_1]^{-1} \cdot [(WJ_1)^T Wd_1 + \alpha\mu C^T C m_0] \qquad (4-13)$$

上面两式分别为一维和二维情况下的地电参数约束反演迭代计算公式，且式

中 $d_1 = d - F[m_1] + J_1 m_1$。由于二维计算的时间较长，模型和实际数据均为一维地电参数约束结果。地电参数约束反演的流程如图 4 - 7 所示。

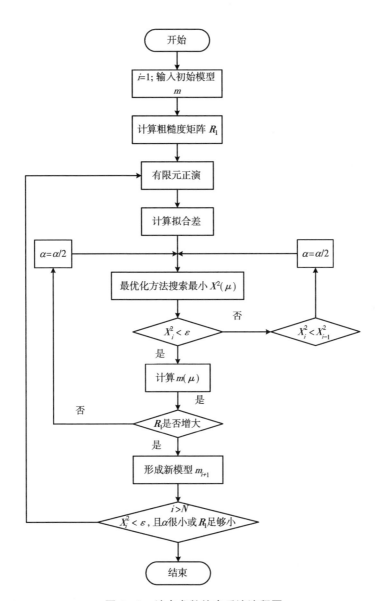

图 4 - 7　地电参数约束反演流程图

4.3　重力异常特征及地质认识

4.3.1　布格重力异常特征

本次重力资料处理采用了 2012 年松辽盆地及外围 1:200000 重力数据对 2015 年双阳盆地 1:50000 重力数据进行扩边处理。因实测数据和扩边数据的尺度不一，在进行重力资料拼接前，统一采用 0.25 km × 0.25 km 作为数据处理网格，统一采用克里格法（Kriging method）进行网格插值，然后再对重力数据进行拼接扩边处理。

布格重力异常总体特征（图 4 – 8）为"西南高，东北低"，研究区内主要为一个重力低异常区。全区重力最大值为 $-2.75 \times 10^{-5} \mathrm{m/s}^2$，位于图框东南角；最小值为 $-13.59 \times 10^{-5} \mathrm{m/s}^2$，位于双参 1 井以北，佟家乡西北。重力异常幅值相差 $10.84 \times 10^{-5} \mathrm{m/s}^2$。重力高低异常之间存在密集梯级带，最陡的能达到每公里变化 $3.37 \times 10^{-5} \mathrm{m/s}^2$。重力梯级带走向以北东向和北西向为主。

根据异常形态、等值线梯度变化、异常规模等进行分析，将布格重力异常分为西部重力高值异常区、东南部重力高值异常区和东北重力低值异常区三个区，以下分别对这三个区进行分析解释。

（1）西部重力高值异常区由一条重力梯级带与东北重力低值异常区分开，该梯级带以西重力高，梯级带以东重力低，等值线走向为北北西向，反映北北面向深大断裂带。梯级带以东以重力高值异常为主，其间分布一条近半椭圆形的局部重力高带，规模较大。该高值异常区地表有大规模的古生界地层及花岗岩体和局部闪长岩体出露。

（2）东南部重力高值异常区主要表现为一条梯级带，该梯级带等值线平缓，走向以北东向为主。梯级带从北往南，异常值从低到高逐渐变化。该异常区地表有大规模的古生界地层出露，闪长岩和花岗岩局部出露。

根据已知地质情况和物性资料，推测本区重力高主要为古生界地层隆起或高密度岩体引起。

（3）东北重力低值区形态较规整，呈不规则圆形，西南缘梯度较陡，而东北缘梯度较缓，曲线光滑，梯级带以圆弧状向北东扩展、延伸。异常中心主要分布于两个局部重力低值圈闭内，北端圈闭的面积较大，为不规则椭圆形，长轴近北西向，南端圈闭面积较小，为长轴近北东向的长椭圆形。该异常区地表为大面积的第四系覆盖。根据已知地质情况和物性资料，推测中部重力低值区主要为中生界中低密度体引起，反映了断陷盆地的特征。

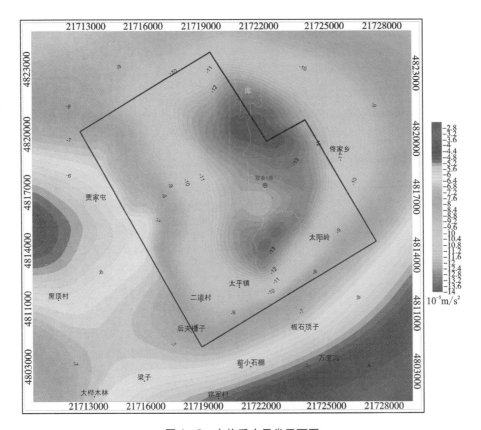

图 4 - 8 布格重力异常平面图

4.3.2 区域重力和剩余重力异常特征

为了解深部重力场及深部构造特征,我们采用一定的数据处理方法进行浅部和深部重力异常的分离,如向上延拓、趋势分析和插值切割法等,其中向上延拓最为常用。区域场和剩余场的确定通常是靠重力场特征和先验经验进行的,采取上延到一定高度后重力场变化不大时的重力异常作为区域背景场。将原始实测重力场减去区域重力场即得到剩余重力异常。

本次对布格重力数据进行了上延 0.5、1、1.5、2 km 处理,上延 1.5 km 后的异常形态稳定,等值线光滑,较为符合区域构造特征,故选上延 1.5 km 的异常作为区域背景场(图 4 - 9)。

区域重力异常整体特征为:西南重力高、东北重力低,研究区内主体为一圆滑的局部重力低异常。区域场的这个特征反映了基底顶面埋深的概貌,西南重力高表现为基底埋藏越来越浅，东北重力低显示基底埋藏逐渐加深。

研究区剩余重力异常结果如图4－10所示，其整体形态与布格重力异常基本一致，局部异常更加明显，研究区西缘的局部重力高和双参1井以南的相对局部重力高更为突显。研究区剩余重力异常极大值为 0.84×10^{-5} $\mathrm{m/s^2}$，位于研究区西缘，贾家屯东南；极小值为 -3.34×10^{-5} $\mathrm{m/s^2}$，位于研究区南缘，太平镇东北，两者幅值相差 4.18×10^{-5} $\mathrm{m/s^2}$。从剩余重力场中可以看出：本区局部重力高主要由基底隆起引起，局部重力低主要由拗陷引起，双参1井西南局部重力高还可能为构造引起。

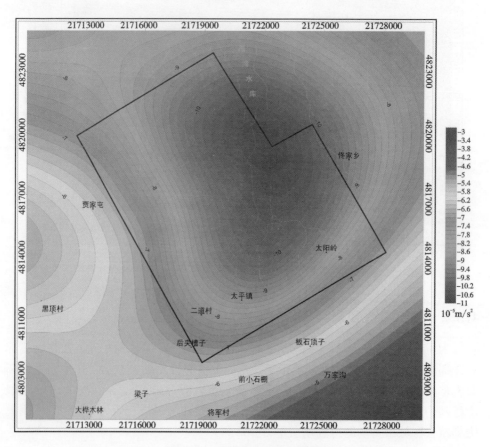

图4－9　区域重力异常平面图

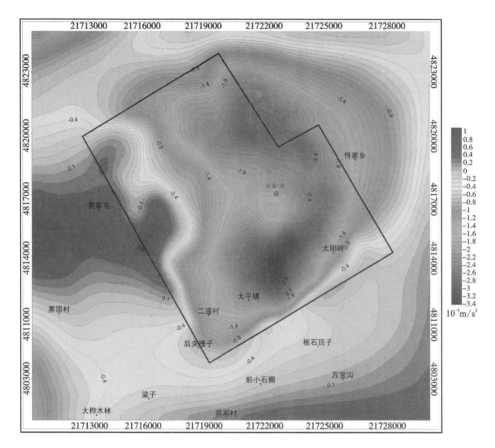

图 4 - 10　剩余重力异常平面图

4.3.3　重力局部异常特征

　　重力局部异常是叠加在实测重力异常内的。研究局部异常必须从总异常中消除区域背景场的影响，其剩余部分可视为局部异常，但剩余异常包含的地质因素较多，所反映的局部异常尚不明显，需要进一步处理与显示。本次对布格重力异常进行了垂向二次导数处理。

　　研究区内重力垂向二次导数异常(图 4 - 11)总体特征呈"中、西部高，南北两侧低"，异常走向以北北西向为主。

　　(1)西部高值区主要分布两个局部重力高区，分别位于贾家屯东北和东南，均为不规则椭圆形，其中贾家屯东南局部重力高范围较大，极大值为每平方公里 $1.06 \times 10^{-5} \mathrm{m/s^2}$，为区内最大值。研究区西缘外地表为大面积的古生界地层和花岗岩出露，推测以上重力高区主要为古生界地层隆起或高密度岩体引起。

（2）中部主要分布一个近圆形局部重力高区，位于双参 1 井以东，该局部重力高区地表为第四系覆盖。根据已知地质情况和物性资料，推测该局部重力高区既可能为基地隆起引起，也可能为构造引起。

（3）北部局部重力低区形态较规整，梯度较平缓；而南部局部重力低梯度较陡，异常中心近椭圆形，长轴走向呈北东向，极小值为每平方公里 -1.76×10^{-5} m/s²，为区内最小值。以上局部重力低区地表均为第四系覆盖，主要反映了南北两个次级拗陷。

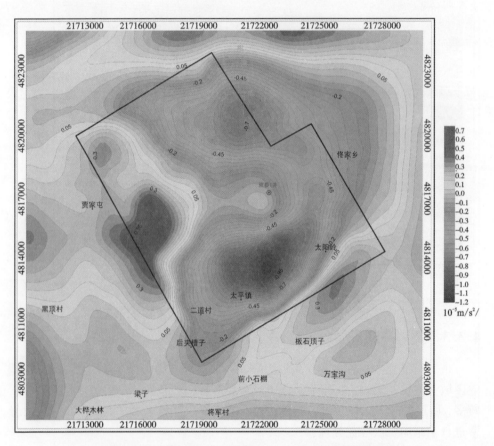

图 4 –11 重力垂向二次导数（$R = 1.5$ km）异常平面图

重力垂向二次导数异常既反映了局部构造的分布范围，也反映了地质构造的隆、凹格局。对图 4 –11 中重力垂向二次导数异常进行分析，可以发现图中高低相间分布的异常与局部构造有一定的对应关系。例如：研究区中部局部重力高区和南北局部重力低区与中东部两凹夹一隆的构造格局相对应。

4.3.4　重力线性异常特征

重力异常的起因是复杂的，断裂构造、岩性变换带等不同密度的界面均能产生重力梯级带。断裂在布格重力异常上反映为沿一定方向延伸的重力梯级带，但其准确位置难以在较宽的重力异常梯级带中确定，而重力异常的水平方向一次导数极值连线则反映了梯级带拐点在地面的投影位置。本次做了 0°、45°、90° 和 135° 方向水平一阶导数处理，考虑到研究区断裂构造以北西向和北东向为主，故主要分析 45° 和 135° 方向水平导数，其成果如图 4 – 12 ~图 4 – 13 所示。

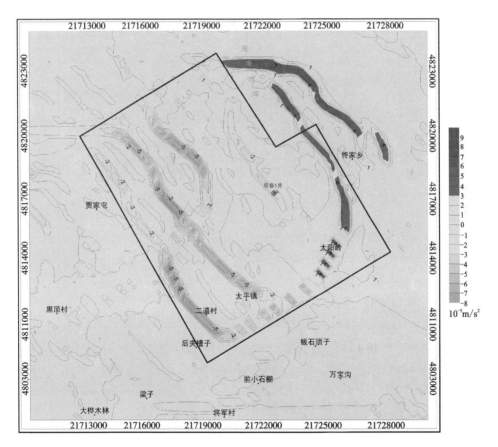

图 4 – 12　重力 45°方向水平一阶导数异常平面图

45°方向水平一阶导数异常主要反映了北西向构造特征，研究区东侧有两条沿走向分布的正值线性异常，规模较大，异常特征明显，反映了断陷的东部边界，相应地，断陷的西部边界也可由三条负值线性异常反映。135°方向水平一阶导数主要反映了北东向构造特征，研究区东北部分布的一条负值线性异常和东南部分布的一条正值线性异常，规模都较大，异常特征较明显，应为控制拗陷的断裂，简称控陷断裂，其中东南控陷断裂较为明显。

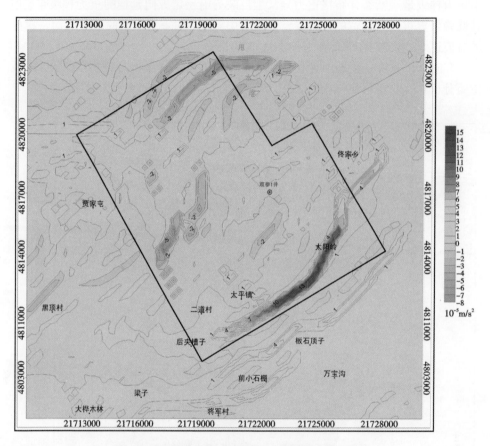

图 4 – 13　重力 135°方向水平一阶导数异常平面图

4.4　磁力异常特征及地质认识

4.4.1　磁力化极异常特征

由于斜磁化的影响，会使得异常的中心产生偏移，给异常的识别和分析带来困难，有时甚至会导致认识的错误。因此，需要进行磁力化极处理。本次磁力

（ΔT）化极参数采用地磁倾角 61.16°，地磁偏角 −9.78°。

　　磁力（ΔT）异常（图 4 – 14）经化极处理后得到磁力（ΔT）化极异常（图 4 – 15），两者异常形态相似，磁力化极后的异常中心向北有所偏移。

　　磁力（ΔT）化极异常以平缓高值异常为主，主要分为北部和南部两个高值异常区。区内地表为大面积第四系覆盖，白垩系地层局部出露，根据已知地质情况和物性资料可以推测，平缓高值异常背景主要为白垩系火山岩和二叠系大河深组凝灰岩、火山熔岩共同引起。

　　（1）北部平缓的磁力高异常上叠加一梯度较陡的局部磁力高异常。本区北缘附近地表有花岗岩局部出露。根据已知地质情况和电性资料可知，花岗岩由北向南往盆地内侵入，推测局部磁力高主要为带磁性的花岗岩引起。

　　（2）南部平缓的磁力高异常西端存在一条中心梯度变化非常陡的局部磁力高异常，该局部磁力高区的地表有大面积白垩系泉头组地层出露，本区南缘附近有闪长岩局部出露。根据已知地质和物性资料可以推测，该局部磁力高区主要由磁性火山岩或闪长岩局部发育引起。

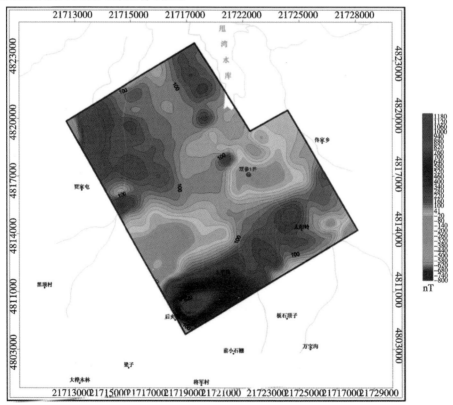

图 4 – 14　磁力（ΔT）异常平面图

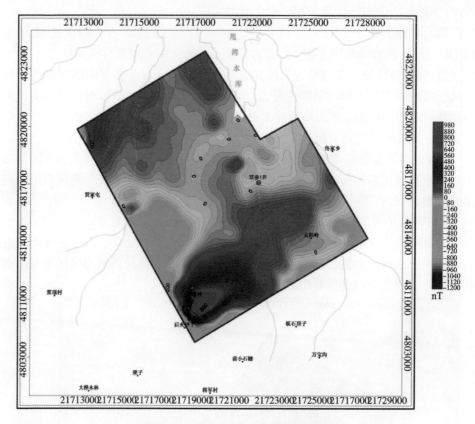

图 4 – 15　磁力（ΔT）化极异常平面图

4.4.2　磁力化极区域异常和剩余异常特征

本次对磁力（ΔT）数据进行了上延0.5、1、1.5、2 km 处理，上延1.5 km 后的异常形态稳定，基本已消除了浅部磁性体的影响，故选上延1.5 km 的磁异常作为本区的磁力（ΔT）化极区域异常（图4 – 16）。

由图4 – 16 可以看出，磁力（ΔT）化极区域异常总体特征为：南北高，东西低。南部磁力高区主要为带磁性的花岗岩引起，而北部磁力高区规模大，等值线密，推测为带磁性的火山岩或闪长岩引起。

用磁力（ΔT）化极异常（图4 –15）减去区域异常（图4 – 16），得到磁力（ΔT）化极剩余异常（图4 –17）。磁力（ΔT）化极剩余异常与磁力（ΔT）化极异常形态大体一致，局部磁力异常的细节部分的信息得到了加强。

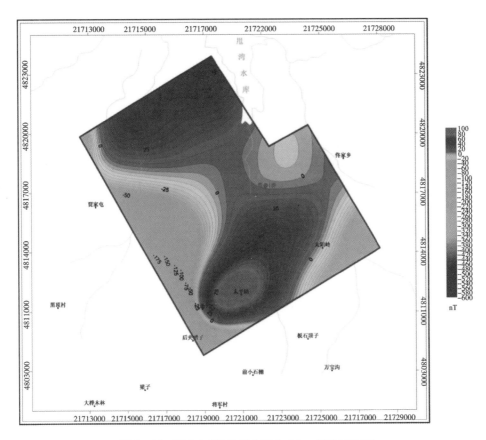

图 4 – 16　磁力(ΔT)化极上延 1.5 km 异常平面图

4.4.3　磁力化极局部异常特征

本次采用磁力(ΔT)化极小波三阶细节异常(图 4 – 18)来分析磁力局部异常特征,研究区内主要存在西北、西南两个局部磁力高异常。

(1)西北局部磁力高区形态不完整,为不规则半椭圆形。该局部磁力高区主要为隐伏磁性花岗岩引起。

(2)西南局部磁力高区为不规则椭圆形,西翼等值线梯度变化非常陡,东翼稍缓。该局部磁力高区主要由磁性火山岩或闪长岩局部发育引起。

(3)研究区内其余范围较小的磁力高圈闭区,等值线梯度变化均较缓,推测主要为白垩系火山岩引起。

以上分析到的磁力异常在磁力(ΔT)化极剩余异常上均有显示,很好地反映了磁力局部异常形态和分布。

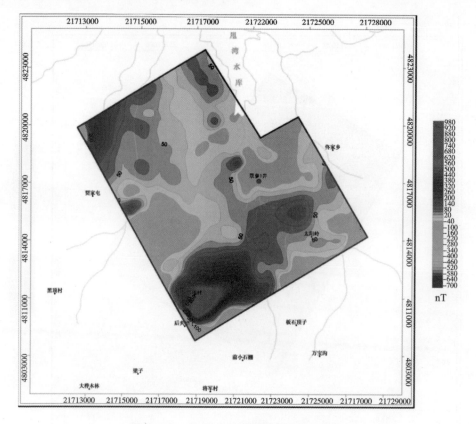

图 4-17　磁力(ΔT)化极剩余异常平面图

4.5　重磁资料三维反演

　　重磁三维反演主要为了推算出地下密度体(磁化率)的空间分布规律,从而达到寻求目标地质体的目的。虽然很容易找到满足数据拟合空间的模型解,但是由于重磁场的体积效应、反演问题的欠定性等因素存在,反演结果往往产生多解性,很难得到符合实际情况的解,这就需要在反演过程中加入一些约束条件及先验信息,对解模型进行限制。本次采用空间结构和物性相结合的三维约束反演。根据已知地质、物性和电法等资料获取地下各地层厚度和岩石物性情况,在反演过程中对确定性较强的异常体采用空间结构和物性相结合的约束方法,即对其形态、位置和物性地质体大小进行约束。

　　假定某异常体的空间结构可由其他地球物理勘探方法获得,其形态和位置是确定的,然后将该异常体映射到三维反演网格中。假设该异常体中介质的物性分

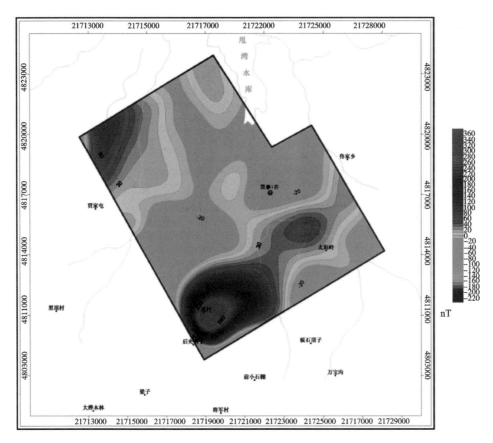

图 4 - 18　磁力 (ΔT) 化极小波三阶细节异常平面图

布是近似均一的，也就是说该异常体包含的所有网格的物性大小基本无太大差异，这种假设符合一般的地质常识和规律。

　　在上述假设成立的前提下，空间结构约束的物理意义即为使得异常体内的所有网格的物性差异很小，在反演迭代计算中，该异常体内的网格物性基本上是同向的，同步长修正，具有高度的一致性，即对其空间结构和形态进行较为合理的约束。同时对已知物性资料进行分析，还可确定该异常体物性大小的变化范围，对其物性值进行绝对约束，即当反演出来的参数值超过先验的取值范围时，强迫它接受约束的极限值。

4.5.1　重力三维反演

　　为了更清晰地反映盆地的总体格架和盆地内部结构，采用重力剩余场作为目标场，使得局部密度差异更加明显。反演还采取了扩边处理，以消除边界效应，网格剖分间隔为 400 m，各方向的剖分数分别为：东向 56 个，北向 54 个，深度方向 40 个，共剖分为 120960(约 12 万)个网格单元。反演结果如图 4 - 19 所示，从图 4 - 19 可见盆地西缘和南缘高密度区分布较明显，盆地内主要分布大面积的低密度区。高密度区主要由古生界地层隆起或高密度岩体引起，低密度区主要由中生界中低密度体引起，反映了断陷的特征。

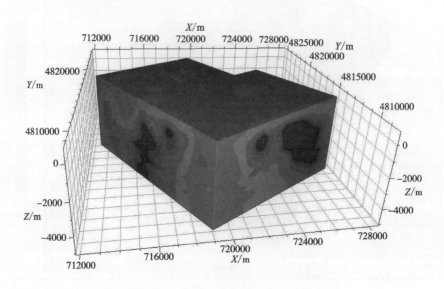

图 4 - 19 双阳盆地视密度三维反演立体图

为了更好地展示相对密度的三维空间分布情况，对密度三维反演数据进行了不同深度的水平切片(图 4 - 20)。从图 4 - 20 可清晰看出盆地内隆起和凹陷的空间分布情况，盆地整体表现为西高东低的特征，西部高密度区受西部岩浆侵入隆起所致，东部低密度区为断陷引起。

盆地中部有一似圆形局部高密度分布，在图 4 - 20(a) ~ 图 4 - 20(d)上均有显示，推测该局部高密度为局部构造引起。随着深度的增加，南北两个局部低密度的分布特征更加明显，反映南北两个次级洼陷，其中北部洼陷的低密度值较小，说明北部洼陷的沉积物较厚。从图 4 - 20(c)、图 4 - 20(d)可以看出在深度为 1 ~ 1.5 km 时，"两凹夹一隆"的构造格局较为明显。如图 4 - 20(e)、图 4 - 20(f)所示，在 2 ~ 3 km 深度时，中部局部高密度消失，随着深度增加，南北两块局部低密度区逐渐连为一体，表明地层沉积逐渐趋于稳定。

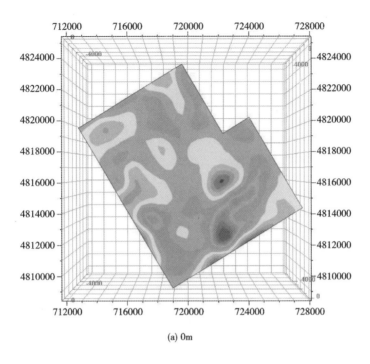

(a) 0m

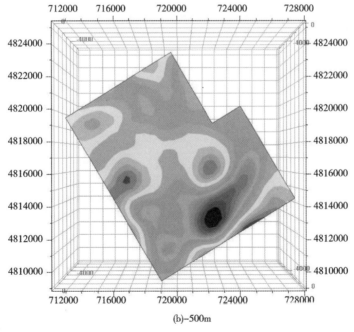

(b)-500m

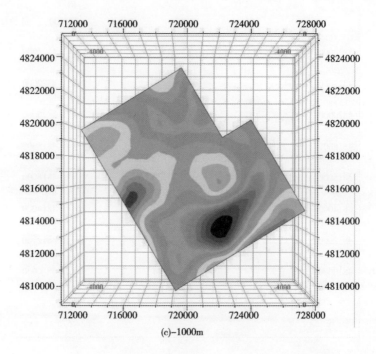

(c)-1000m

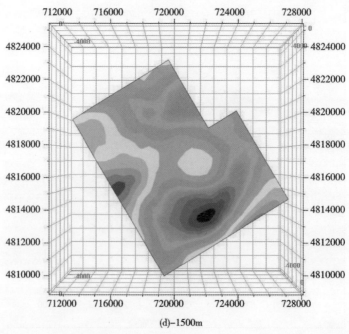

(d)-1500m

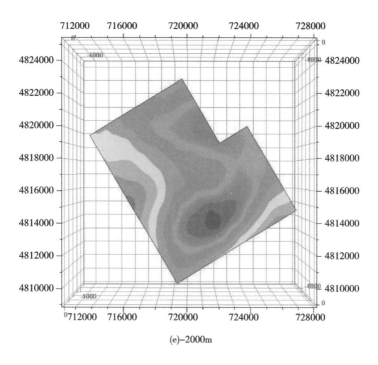

(e)-2000m

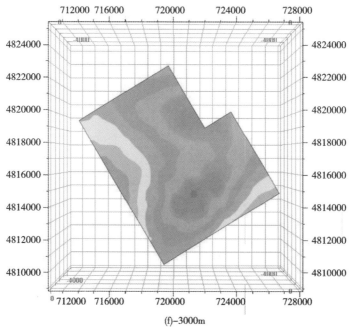

(f)-3000m

图4-20　双阳盆地重力三维约束反演水平切片图

4.5.2 磁力三维反演

三维磁化率反演主要反演各网格的相对磁化率（磁化率差），反演结果如图4-21所示，盆地西北角中部有小块局部高磁化率分布，推测主要为隐伏磁性花岗岩引起。盆地内部相对的高磁化率主要由白垩系磁性火山岩所致。

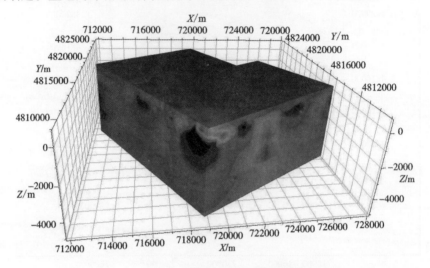

图4-21 双阳盆地视磁化率三维反演立体视图

为了更好地展示相对磁化率的三维空间分布情况，对视磁化率三维反演数据进行了不同深度的水平切片，在已完成三维电法地质综合解释基础之上，通过对不同深度的视磁化率切片进行综合分析，对解释成果进行约束修正，通过异常形态分析，了解各构造层的沉积演化特性。

我们给出了深度分别为0 m、500 m、1000 m、1500 m、2000 m和3000 m的视磁化率切片，如图4-22所示。从图4-22(a)、图4-22(b)可清晰看出在500 m以上主要表现为分布不均的高磁化率特征，反映该深度白垩系磁性火山岩的分布情况。从图4-22(c)在1000 m深度的磁化率高低异常特征可以看出，北部不规整的高磁特征趋于衰减，主要集中在研究区西南部，反映了该深度内白垩系长安组与安民组的磁性特征，大面积的高磁特征主要为西南部白垩系残留的、较厚的金家屯组磁性火山岩的发育特征。

图4-22(c)与图4-22(d)图比较，西南部高磁体规模减小，中心东移，反映了白垩系安民组磁性火山岩的特征，结合三维MT电法解释，在深度1500 m左右为白垩系的最深基底面，同时也反映了白垩系的沉积中心。

图4-22(e)与图4-22(f)图比较，高磁体消失，磁性趋于平稳。反映在深度2000 m以下为侏罗系正常沉积岩的无-弱磁性特征，与综合地质解释一致。

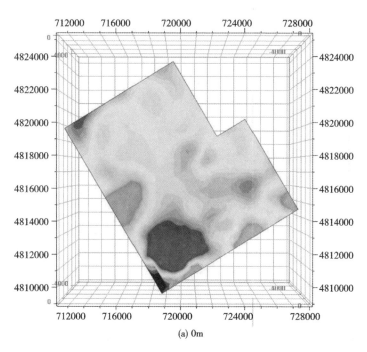

(a) 0m

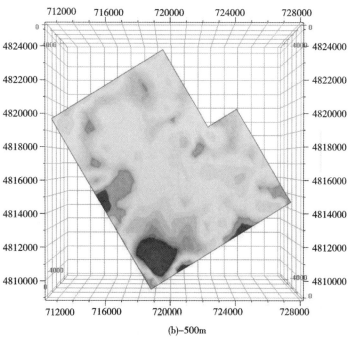

(b)-500m

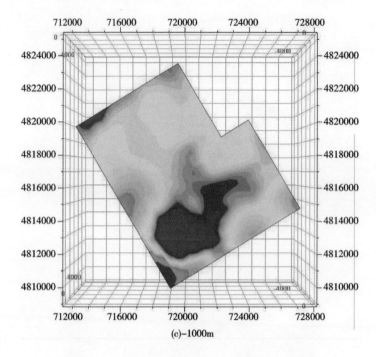

(c)-1000m

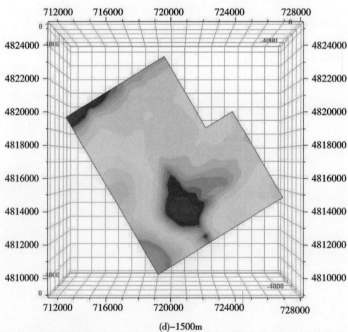

(d)-1500m

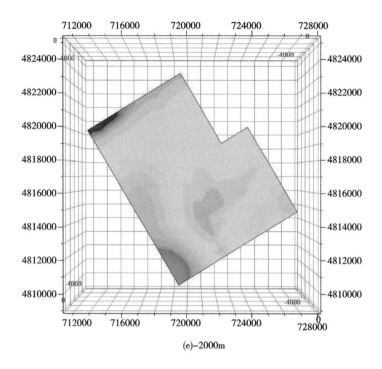

(e)-2000m

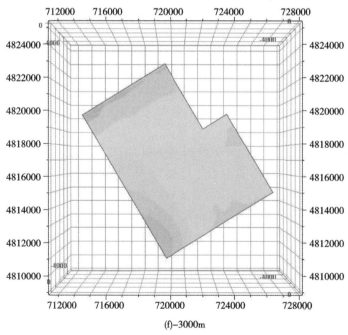

(f)-3000m

图 4－22　双阳盆地磁力三维约束反演水平切片图

第 5 章　重－磁－电异常综合地质解释

　　地球物理反演具有多解性，依靠单一资料进行解释往往得不到令人满意的地质结果，多资料综合地质解释是必然的发展趋势。重－磁－电异常综合地质解释是通过先进的数据处理技术，消除干扰信息、增强有用信息，并综合地质、物探和物性参数等已知资料，达到解决复杂地质问题的目的。因此，三维重－磁－电勘探不仅强调三维反演，更应该强调综合地质解释。

5.1　综合解释思路与方法流程

5.1.1　解释思路

　　重－磁－电三维地质解释，就是运用计算机技术，在三维环境下将电法、重力、磁力异常信息进行处理、地质解译、空间分析和预测、科学统计、实体内容分析以及图形可视化等方法结合起来，运用于地质构造研究的一门技术。具体而言、就是在先验条件的约束下，结合研究区地质背景和特征，将各类异常信息通过三维建模，实现地质信息的三维可视化，最终提交出各类地质信息的三维数据。

　　双阳盆地位于松辽盆地东南缘，西北部为松辽盆地群，南部为多伦—延吉盆地群，双阳盆地地处两盆地群的结合部位。该盆地为一不对称的复向斜断陷盆地，残留了较厚的侏罗系—白垩系沉积地层和火山岩。以往的石油地质调查和煤田钻探查明该区中生界具有良好的生烃潜力，同时具有较好的生－储－盖条件。特别是位于盆地中北部的 7－1 井，在 1006－1040 m 之间有较好的油气显示。

　　通过重－磁－电综合地球物理研究，进行重－磁－电三维处理，建立划分白垩系与侏罗系沉积岩和火山岩的综合物探有效方法，重点在查清侏罗系沉积岩目标层的展布和埋深，以及查明盆地的构造特征，同时为双参 1 井的实施提供依据，为后续的勘探预测有利区块。

　　针对 MT 电法具备纵向上分辨率高的特点，在确定断裂性质、构造层起伏形态与埋深方面优势明显；重力方法具有横向分辨率高，对确定断裂及高密度体的分布有一定的优势；磁力异常是研究磁性体分布的重要依据，磁性界面也可以作为物性层的划分依据。因此，综合研究工作过程中，针对重－磁－电勘探方法解决的地质问题能力不同，采取同一勘探方法不同的处理技术手段解决不同的地质问题，对重-磁-电数据采用全平面多方法常规处理和三维正反演技术相结合，充分发挥各方法的技术优势和特点，从多方面获取反映断裂、构造与岩性分布的信息，结合地质、钻井、物性等资料开展综合研究，落实解决相应的地质任务。

5.1.2　解释原则与技术流程

1. 解释原则

资料解释过程中，我们遵循"一、二、三、多"的综合地球物理解释原则（刘光鼎，2005），即：

一种指导：以先进合理的地质理论为指导。煤田部门和吉林油田针对双阳盆地做了大量地质、钻探工作，进而对该区的地层结构有了一定的认识，特别是现有的地震剖面对盆地的整体形态和基底特征具有一定的反映。因此，通过对已有资料的消化，树立该区的地质构造总体轮廓，作为此次解释的宏观指导。

二个环节：指物性研究和地质地球物理模型。物性是连接地质解释成果和地球物理的一把钥匙，是地球物理方法解决地质问题的前提和关键，因此，本次研究提前对物性工作做了大量的工作。地球物理模型为解释工作的另外一个重要环节，从对研究区地质资料的认识开始，结合物性资料，根据重-磁-电多次反复验证处理结果，初步建立了较为合理的地质地球物理模型。

三项结合：本次研究按照三项结合的原则，即：地球物理与地质相结合；定性与定量解释相结合；正演与反演相结合；通过多次反馈：依靠各种反馈信息进行修正和完善解释模型和成果，以减少多解性。

多次反馈：在完成综合研究的过程中，必须依赖各种反馈信息进行修正和完善，进行反复迭代，以逐渐逼近真实解。

2. 方法流程

重-磁-电资料处理与解释遵循由已知到未知、由定性到定量、常规处理解释方法与三维处理方法相结合；由粗到细、逐步深入、多次反复、多方法论证的基本原则。为完成地质任务，从现有的地质资料和物性研究入手，制定了合理的资料处理与综合解释流程，如图 5-1 所示。

（1）通过地质、钻井和地震等已知资料收集与整理分析，形成研究区内的地层分布、岩性变化、构造特征等基本认识，初步建立研究区的构造模式，为后期资料解释提供依据；

（2）系统开展研究区地层（岩石）密度、磁化率、电阻率参数测定，对各类物性参数开展聚类分析研究，了解和掌握其变化特征，进行物性分层，建立地质体-物性参数-重磁电异常之间的联系，使之成为资料处理和地质解释的桥梁；

（3）对重-磁-电数据进行全平面多方法处理和三维正反演计算，多方法、多角度获取区内的断裂和地质体的平面展布与空间分布信息；

（4）通过重磁电异常特征研究分析，了解断裂的位置、性质、产状变化和展布特征，构造层起伏形态与埋深变化情况，分析重点目标层系的分布；

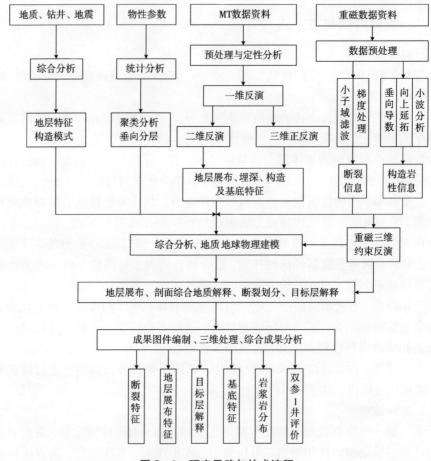

图 5 - 1　研究思路与技术流程

（5）断裂研究。通过重力小子域滤波后水平总梯度矢量异常图的极值连线确定断裂的平面展布，了解断裂产状变化；重力三维视密度反演确定西北缘断裂位置及产状，老山基岩为高密度体，盆地盖层为低密度体，二者的接触部位即为三维反演密度体的突变面，可以较准确地反映断裂位置；由 MT 三维反演数据中电阻率等值线的扭曲变化确定断裂位置、性质及产状，地质体的横向突变、地层错位等在电阻率断面上可反映为垂向梯度带、电阻率等值线扭曲错断等，是断裂识别标志；根据地震、重力和 MT 资料相结合，确定断裂位置；

（6）构造起伏形态与埋深研究。MT 电法具纵向分辨率高的特点，主要利用三维反演剖面的电性异常特征确定构造起伏形态与埋深。依据电性层垂向变化进行地质体属性识别。

用钻井资料和高品质的地震资料对剖面作分层标定，进行 MT 电法三维数据体二维切片建模，宏观地把控全区的地层起伏和埋深。然后再进行地质体三维建模；

（7）白垩系长安组砂泥岩研究。由于长安组地层较薄，且上下地层均为火山岩，在现有 MT 电法资料的分辨率条件下，难以进行直接划定。在大套地质分层解释的基础之上，通过三维残差法的反演，对该套地层进行预测；

（8）三维重－磁资料的综合运用。重－磁异常场是地质体密度和磁性体的叠加效益，反映的是深源和浅源、局部和宏观的相对关系，直接进行三维反演的结果反映在垂向上的结果是不可信的。因此，以 MT 电法解释成果为约束，对重力剩余异常场和磁力剩余异常场进行三维视密度和三维视磁化率反演，对地质模型修正，主要解决基底起伏形态和白垩系火山岩的分布特征；

（9）侵入岩分布及埋深研究。侵入岩主要发育于工作区北部，由北向南侵入于区内。该套侵入岩具有明显的物性特征，表现为高阻、中低密度、低缓磁性。通过三维 MT 电法可进行直接的圈定，然后通过钻井和二维模型进行修正，结合重磁力在面上的约束，可较好的解释侵入岩的三维展布特征；

（10）根据三维反演剖面的综合地质解释成果，进行三维成像，编绘平面成果图件，落实研究区的断裂展布、构造形态与埋深变化、了解目标层和岩浆岩分布等；

（11）在综合研究基础之上，对双阳盆地进行宏观的评价，划分出勘探的有利区段，对双参 1 井钻孔地层进行三维建模。

5.2　资料综合分析

5.2.1　盆地概况

双阳盆地西北缘为伊兰—伊通地堑切割，该地堑控制了盆地西北缘的边界，东南缘与古生界地层呈不整合接触。从 1:200000 区域重力和地质图来分析，双阳盆地面积约 420 km²，野外勘探部署于盆地中西部，实际完成勘探面积 120 km²，如图 5 - 2 所示。

盆地主要受北西向断裂和北东向断裂控制，总体表现为断坳性质。从地层分布上看，新老地层不是围绕盆地中心作环状分布，而是从老到新，从南向北依次展布。从野外地层产状来看，沉积总体表现为"似圆形"沉积特征。

受西部岩浆侵入及地表隆起所致，东西向地形表现为西高东低的特征。

盆地由五套建造组成：①新生代盆地；②晚中生代（登楼库以上）陆内凹陷沉积盆地（K_1）；③晚中生代火山－沉积断陷盆地（$J_2 - K_1$）；④早中生代磨拉石盆地（$T_3 - J_1$）；⑤石炭纪碳酸盐型沉积（C_{1-2}）。基底由前石炭系变质岩系组成。

双阳盆地综合地质平面图

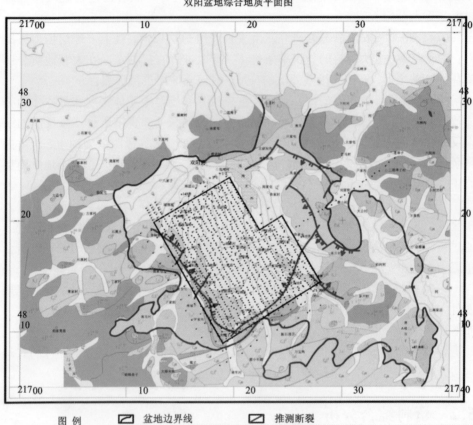

图例 ▱ 盆地边界线 ▱ 推测断裂

图5－2 双阳盆地范围及主要构造

5.2.2 地震资料分析

双阳盆地先后部署过两次二维地震勘探，其中 2000 年吉利油田部署了两条测线、2011 年川庆钻探工程公司施工了三条二维地震剖面。在五条地震剖面中，2011 年 3327 线通过研究区的中部，且资料品质较好，基本能够满足地震层位解释的需要。

采用地质露头标定，建立了地质层位与地震层位的关系（图 5－3），T_1 反射层代表泉头组底界，T_2 反射层代表安民组底界，T_3 反射层代表大酱缸组底界。根据地震层位追踪对比对 3327 地震测线进行了解释，预测双参 1 井发育地层由下至上为：上三叠统大酱缸组、下侏罗统小蜂蜜顶子组和中侏罗统太阳岭组，地层厚度 1180 m；下白垩统安民组、长安组和金家屯组，地层厚度 630 m；下白垩统泉头组、上白垩统放马岭组和第四系，地层厚度 1190 m。

双参 1 井位于 T_1、T_2 反射层的背斜构造之上，T_1、T_2 反射层的背斜构造形迹较为清晰，背斜构造基本落实。

该条地震剖面与三维重磁电切面 Y26 剖面基本同位置，电性剖面所反映地层起伏形态基本一致。在双参 1 井位置，白垩系表现为背斜，中生界底面表现为向斜，总体为"上拱下凹"的特点。结合地层物性特征，大套地－电分层与地震波反射面基本一致，为本次重－磁－电综合地质分层提供了重要的参考依据。

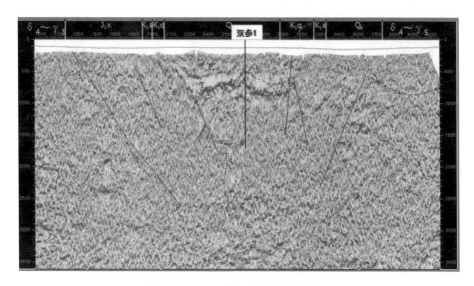

图 5－3　3327 地震测线构造解释剖面

5.2.3　MT 电法资料定性分析

总纵向电导值的物理意义为基底埋深与其上覆地层平均电阻率的比值。因此，在盖层平均电阻率横向较稳定的条件下，总纵向电导值的高低将定性反映基底的起伏，值高反映基底埋深大，值低反映基底埋深浅，在盖层平均电阻率横向变化较大的区域，总纵向电导值还将反映盖层电性的变化。

图 5－4 为研究区总纵向电导平面图，该图定性地反映了研究区电性基底的起伏形态。从图上可以看出，研究区的基底具有二分特征，西北部为正异常区，

东南部为负异常区，且总纵向电导值变化较大。西北部正异常区对应基底埋藏较浅，东南部负异常区反映了基底埋深较大。结合地质背景分析，西北部主要受岩浆侵入影响，地表抬升，盖层剥蚀，残留较浅。东南部岩浆活动较弱，受一系列北西向断裂控制，断陷沉积较大，盖层残留较厚。

在研究区东侧、佟家乡以东，布设了一条较长的 MT 勘测线，旨在研究双阳盆地的东部边界。总纵向电导所反映的高值异常，主要为基底花岗岩出露地表所致。

对总纵向电导的定性分析，宏观地反映了该区的基底起伏形态和盖层的埋深情况，为后续的二维、三维地质建模提供了重要的参考依据。

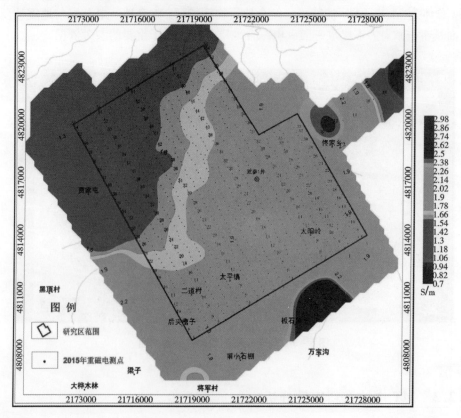

图 5 - 4   总纵向电导平面图

5.2.4   钻井资料分析及约束

双阳盆地是一个重要的产煤盆地。20 世纪 50 年代以来，煤田部门在该区开展了大量的煤炭资源勘查工作，先后共实施钻井百余口，我们共收集到双阳盆地钻井资料70余口，优选其中资料详实可靠、钻遇深度较大且分布较均匀的40口钻井，开展了专题研究工作。对钻井地质分层经行了对比统一，建立了不同方向上的连井剖面，钻井及剖面分布如图5-5所示，分层剖面如图5-6~图5-10所示。

大部分钻孔较浅，深约200~1200 m，多数钻达白垩系长安组。其中钻遇侏罗系8口，主要集中在中部沃土村与南部太平镇一带，且较薄；钻遇古生界9口；钻遇基底花岗岩体6口，深度为300~700 m。

图5-5　钻井及剖面分布图

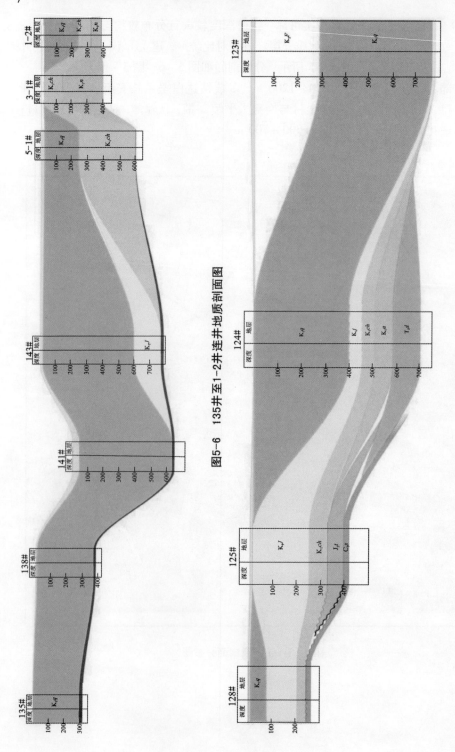

图5-6 135井至1-2井连井地质剖面图

图5-7 128井至123井连井地质剖面图

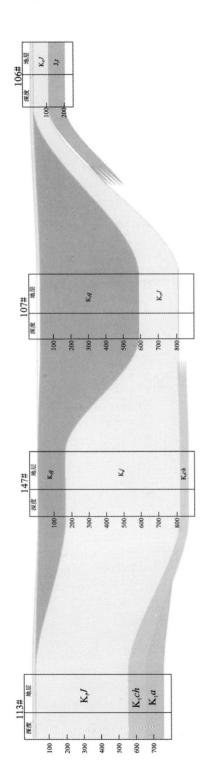

图5-8　113井至106井连井地质剖面图

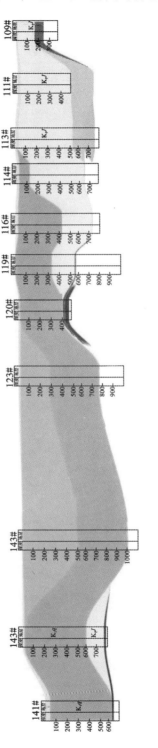

图5-9　141井至109井连井地质剖面图

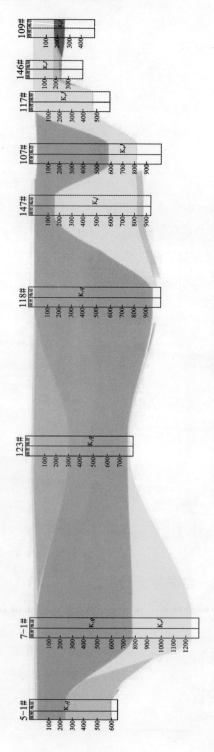

图5-10 105-1井至109井连井地质剖面图

通过对 40 余口探井的分析，总结以下认识：泉头组主要分布于中北部，其中北部厚度较大，为 500 ~ 1000 m；中部厚度为 100 ~ 400 m；南部局部缺失，厚度为 0 ~ 100 m。

大量的钻孔资料为三维重 – 磁 – 电解释提供了重要的参考依据，特别是对白垩系地层的埋深和展布起到了重要的约束作用。

5.3　断裂特征

5.3.1　断裂划分原则

双阳盆地为一不对称的复向斜断陷构造盆地。构造活动主要发生于燕山期。可分为两组：一是近 NNW 向的张性断裂，一是近 NE 向的剪切断裂。

一般来说断裂两盘之间存在一定的密度差异，就能在重力上得到明显的显示，利用重力划分断裂效果比较理想，这是因为：一方面研究区地层相对起伏较大，断裂均为正断层，断距较大，重力能反映该类断裂上下盘差异较大的横向变化；另一方面双阳盆地断裂构造对白垩系和侏罗系的控制较强，且白垩系相对密度明显小于侏罗系，在断裂部位可形成明显的重力梯度带。因此，利用重力识别断裂效果显著。

三维 MT 电法断面对于断裂的产状反映也较好，并且能解释盆地内部的规模较小的局部小构造，在断裂解释中同样起到重要的作用。同时 MT 电法资料对垂向异常的查证可对线性重力异常所辨认的断裂进行有效的佐证，确定梯度异常对断裂和岩性界面的判断。

因此，研究区断裂的解释，重力和 MT 电法起到了同等的作用，两种方法结合，利用 MT 电法垂向电性差异的特点，综合重力梯度异常最终可确定断裂在平面上的展布和垂向上的具体产状；同时参考现有地震成果资料可对盆地宏观构造进行评价。

5.3.2　断裂在重 – 磁 – 电异常上的标志

地质体具有不同地球物理特性，由于断裂的产生，使得地质体在三度空间发生位移错断，地层之间的物性发生变化；断裂反映的是地层物性界面的陡变带，断裂的规模越大，两种物性界面的陡变带规模也越大、物性差异也越大，异常梯级带形态也越明显。断裂在重 – 磁 – 电异常特征上主要有以下标志：

（1）不同特征的重 – 磁 – 电异常区的分界线，即：重 – 磁 – 电异常梯级带；

（2）重 – 磁 – 电异常等值线沿走向发生有规律的扭曲和错断；

（3）三维反演数据显示的物性界面的陡变带（面），重力水平总梯度异常或水平导数的极值线；

(4)磁性火山岩沿断裂侵入时，反映有线性或串珠状磁性异常沿断裂走向分布。

由于重－磁－电异常梯级带有时也反映两类地质体接触界面，针对研究区的实际情况，要结合已知和其他物探资料进行综合判别。由于研究区规模较小，磁性体主要为白垩纪火山岩所引起，且分布不均，并且断裂均为规模相对较小的中生界断裂，磁性异常对构造的反映不明显，因此单一磁法不作为断裂划分的依据。

5.3.3 断裂划分依据

1.重力异常划分断裂

断裂在重力异常上主要反映为重力梯度带，当断裂面垂直时(90°)，断层面对应重力梯度带变化最大处，对重力异常求取水平方向一阶导数异常，即求沿水平方向的变化梯度，其极值点即为梯度变化最大点(梯度拐点)。

当断裂面倾角变缓时，异常梯度带也变缓，对重力异常求取水平方向一阶导数异常时，梯度拐点(梯度变化最大点)将向断裂倾斜方向位移。可根据重力异常上延不同高度时，浅源地质体信息衰减、深源地质体信息增强的原理，利用重力异常上延不同高度后求取水平方向一阶导数异常，由极值线向倾斜方向位移的大小来判别断裂面的倾向和倾角大小。

重力异常水平总梯度矢量的极值连线可确定断裂平面位置和产状。由于重力布格异常梯度带密集分布，肉眼不易确定梯度带拐点位置，从而不易确定断层面位置，故可先对重力布格异常作小子域滤波，增强梯度带信息，然后利用重力异常水平方向总梯度矢量模极值连线来确定断裂平面位置(图5-11)。

地面重力水平总梯度矢量模异常极值连线反映浅部近地面断裂，从图5-11可以看出，研究区存在多条断裂，断裂走向以NNW向为主，NE向次之。

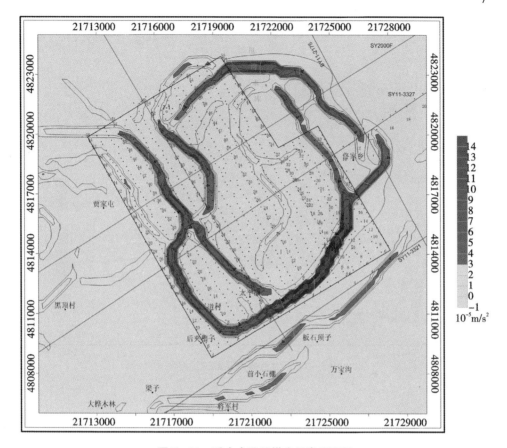

图 5 - 11　重力水平总梯度异常平面图

2. 重力总梯度异常三维数据反映宏观构造格局

图 5 - 12 为重力上延不同高度,经小子域滤波后的水平总梯度异常三维视图,梯度异常在横向上的展布清晰地反映了研究区的主要断裂的展布,表明双阳盆地近圆型的构造面貌主要由 NNW 向和 NE 向的多期断裂所造成。

梯度异常在垂向上的展布特征同时反映了断裂的产状特征,图 5 - 13 为研究区中部北东向的梯度异常断面,可以看出西侧的控盆断裂 F_1 产状较陡,具有东倾的特征。对不同切片的综合研究,可较为客观地反映该区的断裂总体的规模和性质,这是重力异常解释断裂的重要依据。

经对数功率谱计算,在二维断面图中断裂的切割深度值大约是实际深度的二分之一左右。因此,在断裂解释中应该充分参考三维 MT 电法异常对断裂的反映,做到多方法结合,相互补充,同时最大限度地发挥各类异常信息的自身优势,综合解释双阳盆地的构造特征。

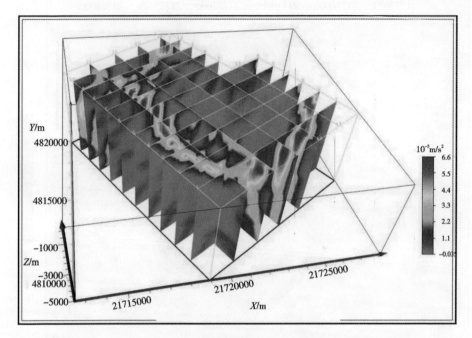

图 5 – 12 重力总梯度异常三维视图

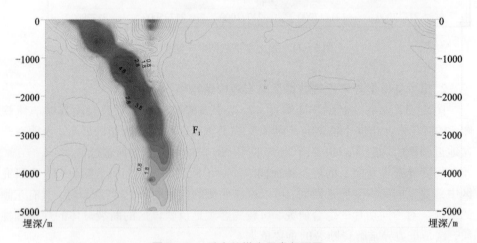

图 5 – 13　重力总梯度异常断面图

5.3.4　MT 电法异常确定断裂

MT 勘探主要是反映地下一定深度范围内电性层在横向变化及垂向上的起伏

特征。当断裂产生后,地质体在三维空间发生位移和错断,相应的同一电性层在深度、厚度上产生突变。断裂在电性异常特征上常见有以下标志:

(1)相邻点曲线类型的变异处、相位断面图上等值线的扭曲或相位形态突变;

(2)视电阻率断面和反演电阻率断面图上,视电阻率等值线扭曲、畸变;密集梯度带陡立;同一电性层尖灭、厚度突变和纵向错位;

(3)各种定性、定量剖面图及平面图上等值线密集、扭动错位等。

图 5 – 14 为研究区北部的一条 MT 电法三维切片断面,依据电性异常在二维剖面中的异常特征进行的断裂划分。其中 F_3 和 F_4 断裂处中浅部的低阻异常明显呈阶梯式向东部陡降,反映了正断层的明显特征。F_2 与 F_3 之间的高阻层上翘,主要由岩浆岩侵入所造成,从宏观上看,F_2 也表现为正断裂特征。F_1 断裂的异常信息较弱,但也具有一定的张性特征,主要由基底岩浆侵入抬升所致,断距较小。从该条剖面所反映的构造信息来看,$F_1 \sim F_4$ 断裂主要为张性断裂,产状东倾,自西向东断裂切割深度和断距逐渐增大,盆地西浅东深。

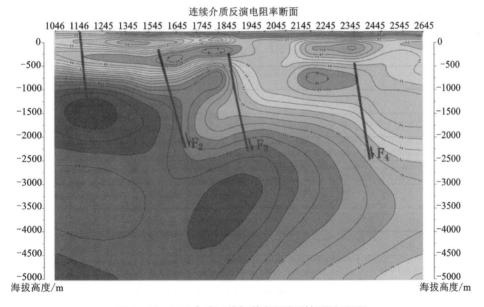

图 5 – 14 MT 电法三维切片断面断裂解释剖面图

5.3.5 断裂特征分析

根据上述断裂划分原则,以重力及电法异常为依据,结合地震、钻井等资料,在研究区内共划出 13 条断裂,图 5 – 15 所示为断裂在平面上分布。按照断裂的展布方向、性质、产状对每条断裂进行了详细的统计和分析,并推断出各断裂要素见表 5 – 1。

1. 断裂总体特征

断裂走向主要以 NNW 向为主，其次为 NE 向，其中 NNW 向断裂 8 条，分别为 $F_1 \sim F_8$。NE 向断裂 5 条，分别为 $F_9 \sim F_{13}$。

断裂主要以张性为主，其中 $F_1 \sim F_8$ 相向而倾，控制了盆地的断陷沉积和盆地内的局部构造。$F_9 \sim F_{13}$ 以为右旋剪切为主，改造了盆地的构造格局。

按照断裂形成时期可分为两期：早期的断裂以 NNW 向为主，控制了中生界地层的沉积，后期的 NE 向断裂和盆地内部的 F_5、F_6 一方面制约了后期的沉积，同时对白垩系地层沉积具有一定的影响。

从整体解释来看，NNW 向断裂普遍具有南部切割深、断距大的特点，到了北部，断距减小，主要由于北部岩浆侵入，致使基底抬升，后期构造反转。

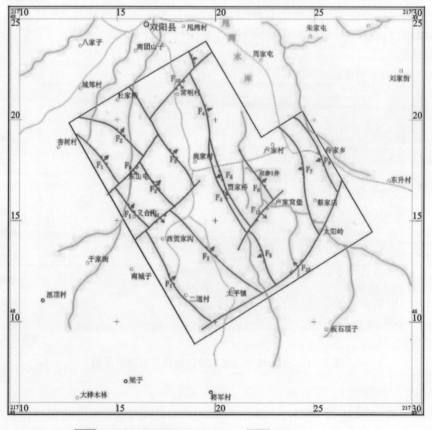

图 5－15　研究区断裂划分图

表 5 – 1 断裂要素统计表

编号	走向	倾向	倾角	性质	长度 /km	切割 层位	基底断距 /m	推断依据	
								电性	重力
F_1	NNW	NEE	陡	正断层	11.7	K、J、Pz	100 ~ 200	√	√
F_2	NNW	NEE	陡	正断层	12.5	K、J、Pz	100 ~ 1200	√	√
F_3	NNW	NEE	陡	正断层	5.8	K、J、Pz	100 ~ 400	√	√
F_4	NNW	NEE	陡	正断层	9.3	K、J、Pz	100 ~ 200	√	√
F_5	NNW	SWW	陡	正断层	7.8	K			√
F_6	NNW	NEE	陡	正断层	3	K		√	√
F_7	NNW	SWW	陡	正断层	5.8	K、J、Pz	100 ~ 500		√
F_8	NNW	SWW	陡	正断层	4.5	K、J、Pz	100 ~ 300		√
F_9	NE	SE	较陡	剪切 – 正断层	3.8	K、J、Pz	100 ~ 200	√	√
F_{10}	NE	SE	较陡	剪切 – 正断层	4.8	K、J、Pz	100 ~ 200	√	√
F_{11}	NE	SE	较陡	剪切 – 正断层	4.5	K、J、Pz	100 ~ 150	√	√
F_{12}	NE	SE	较陡	剪切 – 正断层	3	K、J、Pz	100	√	√
F_{13}	NE	NW	较陡	剪切 – 正断层	10	K、J、Pz	200 ~ 600	√	√

2. 主要断裂特征简述

1）F_1 断裂

断裂位于研究区最西侧，呈 NNW 向展布，南部止于 NE 向断裂 F_{13}，北端向西北方向延出研究区，长 11.7 km。断裂倾向 NEE，产状较陡，断距较小。在中北部被 NE 向断裂 F_9 和 F_{11} 错断。重力梯度异常有明显的反映，电性异常也有较好的反映。结合地质图来看，该条断裂基本控制了白垩系泉头组的西界，泉头组在双阳盆地具有西断东超的特点。区内该条断裂的垂直断距总体较小，基本为 100 ~ 200 m，在北部切割了 K 和 Pz 地层以及基底岩体。北部受岩浆侵入，后期断裂发生反转，具有逆断层性质，但从目前的重磁电异常来看，这点没有明显的反映。

2）F_2断裂

断裂位于研究区西部，与F_1大致平行，倾向NEE，南端止于F_{13}，北端向西北方向延伸出研究区，全长为12.5 km。断裂北部与F_1一样被NE向右旋剪切断裂F_9与F_{11}错断。断裂在重力梯度异常上表现为明显的线性梯度带，在MT电法异常上有明显的电性差异扭曲，是研究区内规模较大的一条控盆断裂，控制了侏罗系和白垩系的沉积，活动时间长、切割深度大，在南部最大垂直断距达1200 m。F_2以东为盆地的中部深凹区，是区内的一条单元分界断裂。断裂以西，白垩系火山岩基底埋深浅，上古生界地层和岩浆岩隆起，残留较薄的侏罗系地层，呈阶梯式由西自东逐渐加厚。

3）F_5、F_6、F_{12}断裂

三条断裂位于研究区中南部，其中F_5与F_6走向NNW，F_5倾向SWW，F_6倾向NEE，F_{12}走向NE，倾向SE。F_5全长7.8 km，南端止于F_{13}，北端止于F_4。F_6较短，长3 km，南端止于F_{12}。三条断裂为晚白垩世断裂，三条断裂背向而倾，共同形成了白垩系地层在凹陷中部的局部地垒构造，地球物理异常表现为凹陷中部的局部重力高，该构造在重力、MT电法及地震上均有明显的显示。按照先后期次来分，F_5与F_6应该为同期构造，F_{12}为后期断裂，规模大于前两者。

4）F_7、F_8断裂

两条断裂位于研究区东部，走向NNW，倾向SWW，其中F_7在区内全长5.8 km，F_8全长4.5 km。两条断裂南端止于F_{13}，向北延伸出研究区。F_8在重力异常上表现为明显的梯度异常，F_7在重力异常上信息较弱，但电性异常明显。两条断裂制约了盆地东部的构造格局，地层为自东向西的断阶式断陷沉积，F_7以西为盆地的构造最深处。两条断裂为早期侏罗纪控盆断裂，垂直断距为100~300 m。

5）F_9、F_{10}断裂

两条断裂位于研究区北部，走向SE，为晚白垩世断裂，性质为右旋的剪切断裂，同时具有张性特征，F_9剪切了F_1与F_2断裂，全长3.8 km，F_{10}剪切了F_4断裂。断裂自西向东的剪切应力，致使盆地沉积东移。同时受该期的岩浆侵入，致使北部隆起抬升，自断裂以北侏罗系地层剥蚀殆尽，两条断裂为双阳盆地侏罗系地层凹陷的北部边界断裂。在重力异常和地层三维MT电法异常上两条断裂均有明显的显示。

6）F_{13}断裂

断裂位于研究区最南端，走向NE，全长10 km。与F_1和F_{13}相交，构成了双阳盆地近圆形的构造面貌。该断裂以南大范围出露石炭系地层，局部残留了下侏罗统沉积地层，从地质图上来看，断裂基本为白垩系泉头组的分界线，表明该断裂不仅是盆地南部侏罗系的控陷断裂，同时也是白垩系的控陷断裂。严格来讲，因为该断裂为双阳盆地的南部控陷断裂，断裂以南主要为残余凹陷沉积，受古生

界地层隆起影响,基底抬升,老地层出露。该断裂在重力异常上表现为规模较大的密集梯度异常,同时在 MT 电法上也有清晰的反映,断裂活动时间长,切割深度大,垂直断距为 200～600 m。

　　依据重 – 磁 – 电综合解释,结合重力三维视深度总梯度及三维 MT 电法异常特征,编制了研究区断裂的三维空间展布图,如图 5 – 16 所示。

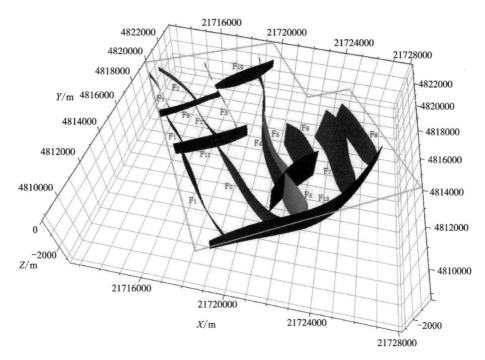

图 5 – 16　研究区断裂三维空间展布图

5.4　地层展布特征

5.4.1　地层解释思路

　　通过对地质、物探资料的综合分析,认为研究区位于双阳盆地中南部,主要为受 NNW 向和 SE 向断裂控制的中生代断陷盆地,在盆地中部残留了较厚的上三叠统—下白垩统沉积地层。通过对三维重 – 磁 – 电数据的评价分析,认为三维 MT 电法资料垂性分层好,较为清晰地反映了不同构造面的起伏及展布特征。因此,通过对物性资料进行聚类分析,精细研究,以钻井和现有的地震资料为约束,结合重力三维反演断面,对 MT 电法二维断面进行综合地质解释,对先验的钻孔等资料进行标定，以断面解释成果为依据，进行三维处理，获取三维模型参数，生成断裂和各主要构造层几何形态模型，落实构造层起伏与埋深。

对于白垩系火山岩中较薄的砂泥岩，通过三维 MT 电法进行残差处理，提高了电性的相对分辨率，预测了该套地质体在空间的展布特征。

重磁资料相对 MT 电法分辨率较低，因此用分辨率较高的 MT 电法资料标定重磁资料，通过对重磁三维处理，对解释的 MT 电法成果进行约束反演，主要解决基底起伏、隆凹特征、以及岩浆岩的发育特征等问题，并编制各类地质二维、三维成果图件。

5.4.2　三维电法断面综合解释

1. 解释方法

（1）通过对三维 MT 电法反演成果的分析，电性变化基本自上而下具有"低－高－低－高"的总体特征，结合双阳盆地地层层序、岩性特征及电阻率物性参数统计结果可见：白垩系泉头组至第四系（$K_1q - Q$）为低阻层；白垩系安民组至金家屯组（$K_1a - K_1j$）主体以火山岩为主，其中较薄的沉积层在电法分辨率上难以区分，因此该套地层主体为高阻层；上三叠统大酱缸组－中侏罗统太阳岭组（$T_3d - J_2t$）主要为碎屑岩正常沉积，主体为相对低阻层；基底为上古生界（$C - P$），主要为变质岩和灰岩，主体为相对高阻层。岩浆岩主要发育于研究区北部，为基底高阻体。

上述的电性分层与地震分层一致，作为本次分层解释的主要依据。

（2）对不同构造部位的电性差异开展针对性的研究，重点解剖地质体的相对电性差异，如古生界与岩体的相对电性关系、白垩系火山岩与沉积岩的电性关系。另外考虑实际地质情况，对大套电性层做相关性分析，如区内泉头组主体表现为低阻特征，下段的砾岩相对上段的砂泥岩表现为相对电性高。研究区北部由于岩浆侵入，钻孔揭示在泉头组内局部发育花岗岩，在电性上就反映出局部高阻的特点；

（3）断裂的划分按照前文所述电性解释断裂的方法进行；

（4）研究区内收集了大量的煤田钻孔资料，主要揭示了白垩系的深度，但部分钻孔遇到了侏罗系与基底。因此，在解释过程中，充分地利用这些钻孔对分层深度进行标定，以指导临近断面的解释；

（5）通过对异常的总体分析，认为盆地主体构造方向为近东西向，西浅东深。因此 MT 电法三维断面应该截取北东向的断面，进行建模解释。并且以经过钻井剖面验证的资料为主，而后再加密断面进行解释。

2. 断面综合解释

为了更加细致的解释研究区的地质结构，为后续三维综合解释提供充分的依据，此次共解释三维 MT 电法断面 38 条，下面将由北向南对部分断面进行描述。

1）Y54 断面综合解释成果图（图 5 - 17）

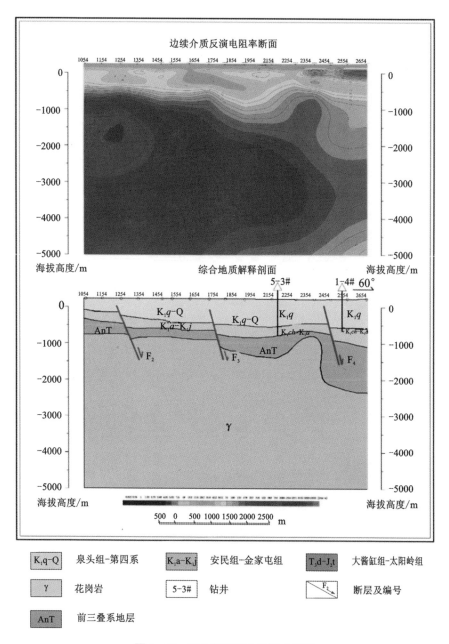

图 5 - 17　Y54 断面综合解释成果图

该断面位于研究区最北端，基本为第四系覆盖，西端出露白垩系泉头组。MT电法二维断面显示，在垂向上前部表现为低阻异常，中深部位显示高阻异常特征。总体上看，浅部低阻，西浅东深。低阻中有不连续的相对高阻分布，规模较小。上下高低阻之间为密集的梯度带。

结合物性综合分析，通过断面东段煤田钻孔资料，推断断面浅部解释为白垩系，过渡带解释为上古生界残留，中深部大范围的高阻体为花岗岩体。浅部白垩系泉头组主要残留了下段以砾岩为主的粗碎屑沉积，因此表现为局部相对高阻异常。从该条三维断面来看，岩浆岩由西至东向盆地内侵入，规模较大，在局部出现岩株，在电性异常上表现为上拱的高阻异常。

综合解释认为，该条断面由于受岩浆侵入、地层抬升，中生界侏罗系剥蚀，仅残留了一定深度的白垩系沉积，地层西浅东深，白垩系最大埋深1300 m，其中泉头组最大埋深800 m，均位于剖面东端。

共解释断裂三条，均为东倾的正断层，断裂主要控制了白垩系的沉积。

2）Y35断面综合解释成果图（图5-18）

断面位于研究区中北部，西段出露白垩系长安组和泉头组，中东部为第四系覆盖。二维电性断面显示在垂向上具低-高-低-高的异常特征，横向上表现为西高东低的的特点。在中浅部存在一套相对的高阻层，厚度不均，主要为白垩系金家屯组和安民组火山岩所引起。断面西端103钻孔揭示了324 m的金家屯组和下部20 m的长安组，在断面上对应了上部高阻和下部相对低阻的特征。

断面中东段在中部的低阻异常主要反映了侏罗系的沉积分布，其下的中高阻为上古生界，深部明显的高阻体为花岗岩体。

综合解释断裂4条，均为东倾的正段层，反映了西浅东深的断阶式构造格架，其中 F_1、F_2 断裂断距较小，F_3 和 F_4 断裂断距较大，断裂共同控制了侏罗系-白垩系的沉积。依据电性界面的起伏形态，划分了各个地层界面的埋深，其中泉头组底面最大埋深700 m，安民组底面最大埋深1700 m，基底最大埋深3000 m。侵入岩主要发育于西部，埋深较大，顶面在海拔-2000 m左右。

3）Y26断面综合解释成果图（图5-19）

断面位于研究区中部，为了探索双阳盆地的东部边界，该条断面部署至东部花岗岩内。从二维电阻率断面来看，电阻率在横向上总体表现为西低东高，在纵向上表现为低-高-低-高的特点。反映了西部盆地内的地层沉积和东部盆地外的岩体发育形态。该条断面清晰地反映了双阳盆地总体的构造面貌，东西两侧古生界隆起，基底埋深较浅，受一系列对倾的正断层控制，中部基底埋深较大，表现了双阳盆地的断陷特征。

综合解释断裂9条，均为正断层，东部的盆地边界断裂清晰地反映了盆地"东断西超"的特点，受断裂共同影响，白垩系泉头组表现为隆坳相间的特征，残

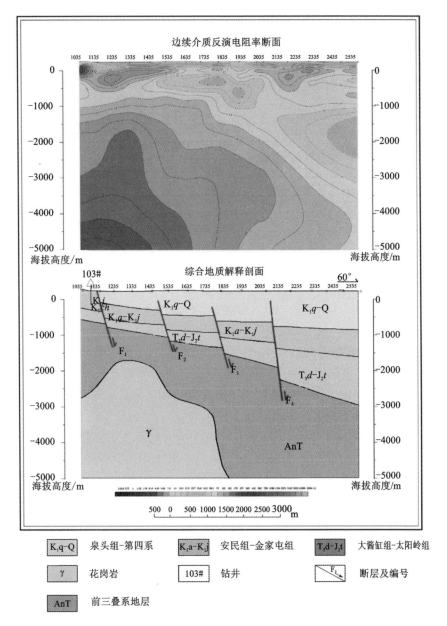

图 5 – 18　Y35 断面综合解释成果图

留中心位于 F_7 与 F_5 之间，最大埋深 1100 m。中生界最大埋深位于 F_4 与 F_7 之间，深 3200 m。

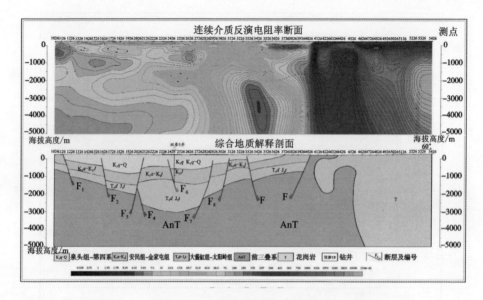

图 5 – 19　Y26 断面综合解释成果图

受 F_5 与 F_6 断裂的控制，在中部白垩系安民组 – 金家屯组地层表现为断背斜构造特征，在 MT 电法断面中表现为中高阻上拱的异常形态特征。双参 1 井位于该断背斜东侧，纵向电阻率异常明显，高低阻界限清晰，反映了白垩系沉积岩、火山岩与侏罗系沉积的形态特征。

4）Y10 断面综合解释成果图（见图 5 – 20）

断面位于研究区南端，西部出露白垩系金家屯组，中东部出露白垩系泉头组。从电性断面来看，纵向上电阻率高低阻界面清晰，横向上西侧浅部的高阻和东侧深部的高阻异常发育，分别由白垩系金家屯组火山岩和古生界变质岩及灰岩所引起。

断面中西部 107 钻孔钻遇 583 m 泉头组和 230 m 金家屯组，可以此作为标定，泉头组在两侧残留较浅，最大埋深位于 F_2 与 F_5 之间，最大残留厚度 500 m，同时也是白垩系的最大埋深部位，深 1100 m。共解释断裂 4 条，均为正断层，其中 F_1 与 F_2 东倾，F_5 与 F_7 西倾。F_2 断裂规模较大，切割较深，垂直断距达 600 m，主要控制了侏罗系的沉积。构造最深处位于 F_2 以东，最大埋深 2200 m。

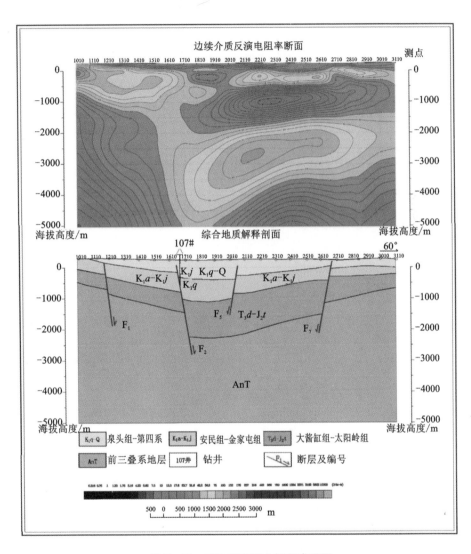

图 5 – 20　Y10 断面综合解释成果图

5.4.3　主要构造层起伏与埋深

1. 研究思路和技术流程

利用重－磁－电三维反演数据对断裂展布、规模和性质的解释，大体确定了研究区的构造形态和基底起伏特征。以钻井和地震资料作约束利用三维 MT 电法断面进行二维地质建模，进行断面综合地质解释，推断地下地质结构，建立初始地质模型，控制全区的整体构架。以初始地质模型为基础，利用三维处理软件对各断面的地质对象进行连接，形成初始三维地质模型。再利用重磁三维约束反演，对基底的起伏与火山岩的规模进行约束，修改微调三维模型块体，最终建立三维地质模型（图5－21）。通过对获取的三维模型参数统计和分析，进行人机联作，把抽象的东西具体化，由三维模型参数生成断裂几何形态模型和各主要构造层几何形态模型（图5－22），编制区内3个构造层深度图，如图5－23～图5－25所示。

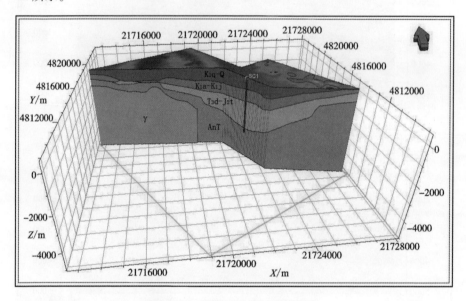

图 5 – 21　研究区三维地质模型图

2. 中生界底面(T_3d)构造层

图5－23为中生界底面构造层深度图，北部缺失 T – J 沉积，仅残留了 K 地层。

构造层总体为北高南低、西高东低。受断裂控制，西部构造方向主体为 NNW 向，东部构造方向为 NE 向。自 F_2 与 F_3 断裂以东，沉积地层向盆地中心增厚，盆地中心最大埋深3200 m。西部和北部埋深较浅，为500～1500 m。F_{13} 断裂以南为盆地南部边缘，埋深为800～1200 m。

3. 泉头组底面(K_1q)构造层

图5－25为白垩系泉头组底面构造层深度图，构造面貌与白垩系底面（图5－24）一致，反映了白垩系连续沉积的特点，西侧大致以 F_1 断裂为界，残留深度为100～500 m，南部大致以 F_{13} 断裂为界，残留深度为100～200 m。构造深

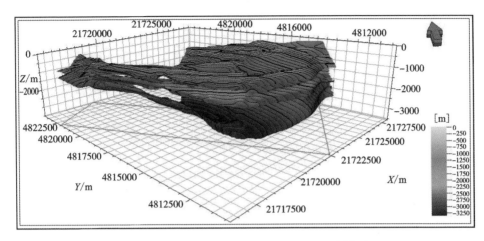

图 5 – 22　研究区各主要构造层三维几何形态模型图

处位于研究区中部和北部。最深处位于 F_2 与 F_5 断裂之间,老英庙以东,深 1100 m,其次为东侧卢家村和 F_{10} 断裂以北杜家村一带,埋深 1000 m。双阳盆地泉头组沉积总体表现为"西断东超"的特点,西侧受 F_1 断裂控制,向东沉积逐渐加大,东部超覆于二叠系大河深组(P_1d)与花岗岩之上。

4. 上三叠统—中侏罗统($T_3d – J_2t$)残留厚度

上三叠统至中侏罗统主要以正常碎屑岩沉积为主,沉积厚度较为稳定,分布范围广,主体物性具有中低密度、中低阻、高磁性的特征,该套地层在三维重 – 磁 – 电异常中均有较为明显的反映,其上下界面清晰。该套地层也是此次油气勘探的重要层系,依据三维重 – 磁 – 电综合解释了顶底面构造层,通过几何差值的计算,进行人机联作,编制了($T_3d – J_2t$)残留厚度图,如图 5 – 26 所示。

受侏罗纪花岗岩侵入影响,研究区北部基底处于抬升阶段,上三叠统—侏罗系无沉积,后期沉积了白垩系地层。地层主要沉积于 F_{10} 和 F_{11} 断裂以南,表现为西薄东厚的特点,在 F_2 断裂以东残留了较厚的以侏罗系为主的地层。双阳盆地的沉积中心的最大残留厚度为 1800 m。F_2 断裂以西,受基底古生界隆起影响,沉积物保存较少,主要表现为斜坡的构造性质,残留厚度一般为 100 ~ 500 m。在 F_{13} 断裂以南,研究区东南部残留厚度约 400 m。

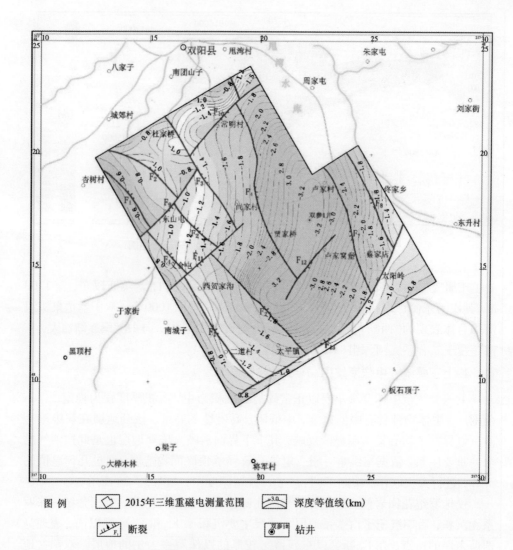

图 例 　 2015年三维重磁电测量范围 　 深度等值线（km）

断裂 　 钻井

图 5 – 23 　 中生界底面构造层深度图

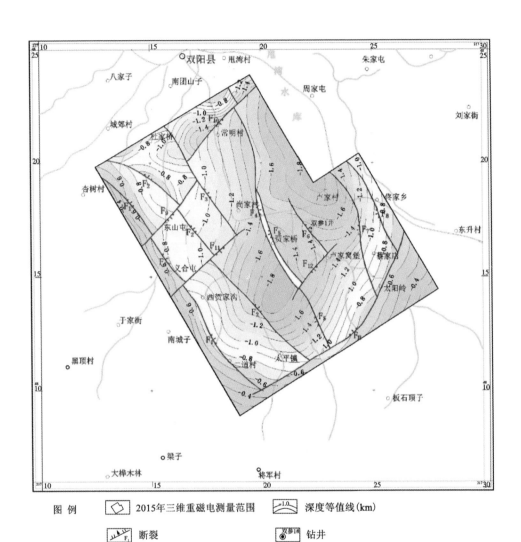

图 例 ▱ 2015年三维重磁电测量范围 ◠‾¯ 深度等值线(km)

⦜ 断裂 ◎ 钻井

图 5－24 研究区白垩系底面构造层深度图

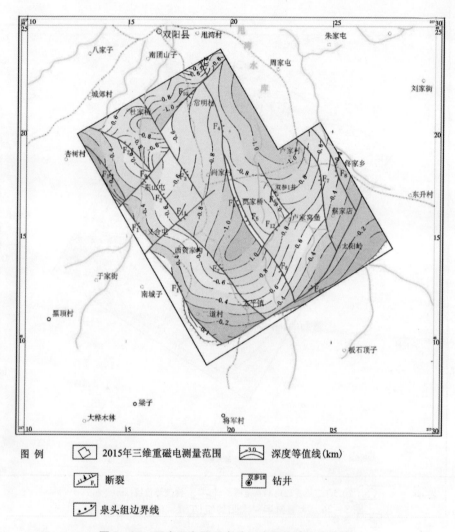

图 例   ◇ 2015年三维重磁电测量范围   ⌒³·⁰ 深度等值线(km)

         ⌒ꜰ₁ 断裂   ◎双参1井 钻井

         ⌒ 泉头组边界线

图 5－25   研究区白垩系泉头组底面构造层深度图

5.4.4   构造单元划分

研究区位于双阳盆地中西部，基本位于盆地的凹陷中心部位，主体受 NNW 向断裂控制，为断陷沉积盆地，北部受后期 NE 向断裂错动，中心向东移。依据断裂构造特征、地层起伏与埋深，对中生界凹陷进行单元划分。单元划分要素统计见表 5－2，单元划分如图 5－27 所示。

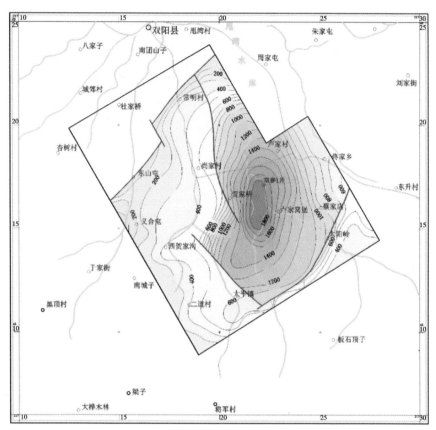

图例　⬡ 2015年三维重磁电测量范围　⌒ 深度等值线(km)

　　　⬡ F₁ 断裂　　⬡ 双参1井 钻井

图 5 - 26　大酱缸组 - 太阳岭组($T_3d - J_2t$)残余厚度图

表 5 - 2 单元划分要素统计表

I 级构造单元	II 级构造单元	边界断裂	面积/km²	埋深/m
双阳盆地	北部凸起	F_9、F_{10}	19	500 ~ 1500
	南部凸起	F_{13}	8.5	800 ~ 1200
	中部凹陷	F_2、F_3、F_{10}、F_7、F_{13}	51	1400 ~ 3200
	西部斜坡	F_2、F_3、F_{13}	30	800 - 1800
	东部斜坡	F_7、F_{13}	11	1300 ~ 2500

1. 北部凸起

单元位于 NE 向断裂 F_9 与 F_{10} 以北，受晚侏罗世岩浆侵入影响，基底抬升，三叠系至侏罗系无沉积残留，后期沉积了一定规模的白垩系，基底埋深大致为 1500～5000 m。F_3 断裂以西构造为 NNW 向，埋深为 500～1000 m，F_3 断裂以东构造为 NE 向，埋深为 800～1500 m。单元面积约 19 km²。

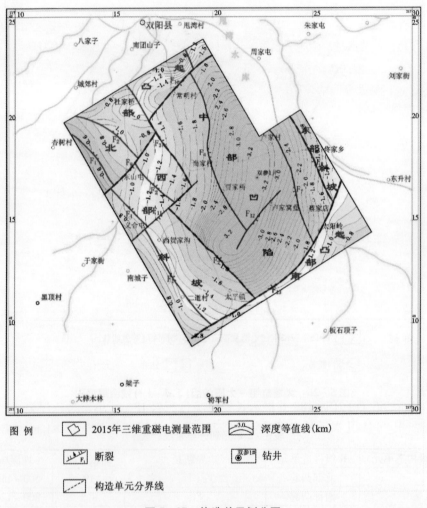

图 例　<kbd>2015年三维重磁电测量范围</kbd>　<kbd>3.0</kbd> 深度等值线(km)

　　　　<kbd>断裂</kbd> 断裂　　　　<kbd>钻井</kbd> 钻井

　　　　<kbd>构造单元分界线</kbd> 构造单元分界线

图 5－27　构造单元划分图

2. 南部凸起

位于研究区南部 NE 向断裂 F_{13} 以南，构造方向为 NE 向，面积约 8.5 km²。

F_{13} 断裂为双阳盆底部南部规模较大的一条断裂，为盆地南部控陷断裂，自断裂以南上古生界隆起，基底抬升，主要残留了上三叠统—中侏罗统的沉积，在区内埋深为 800～1200 m。

3. 中部凹陷

受 NNW 向断裂 F_2、F_3 及 F_7 正断层控制，为双阳盆地的中部断陷区，构造方向为 NE 向，控制面积约 51 km^2。为盆地的沉积中心，地层发育齐全，基底埋深大，最大埋深 3200 m。

4. 西部斜坡

受 F_1、F_2 断裂控制，基底由西向东呈断阶式加深，表现为斜坡特征，埋深为 800～1800 m，构造方向为 NNW 向，控制面积约 30 km^2。地层主要为白垩系，上三叠统—中侏罗统残留较薄。

5. 东部斜坡

与西坡斜坡性质一样，东部斜坡位于研究区东部，受 NNW 向正断层 F_7、F_8 控制，基底东浅西深，表现为断坡沉积的特点，构造方向为 NNW 向，区内控制面积约 11 km^2。与西部斜坡比较，该单元地层沉积层序较全，埋深较大，为 1300～2500 m。

5.5　长安组地层展布特征

5.5.1　地层物性特征

下白垩统长安组，是双阳盆地中重要的烃源层，分布在二道梁子煤矿、田家街、刘家街一带。岩性以含砾砂岩、长石砂岩、泥质粉砂岩、泥岩为主，夹薄煤层及少量凝灰岩层，产植物化石。区内孙家沟屯丁家煤矿即为下白垩统长安组煤系地层。

东部二道梁子矿区 188 井揭示长安组暗色泥岩 18 m，单层暗色泥岩 6.5 m；二道勘探区 145 孔揭示长安组暗色泥岩 33.5 m，单层暗色泥岩 12.41 m；二道勘探区 101 孔揭示长安组煤层 1.8 m，暗色泥岩 2.9 m；据此初步推测长安组暗色泥岩 2.9～33.5 m，平均厚约 18 m。

综合钻孔资料统计长安组厚 98～341 m，平均厚 220 m。上覆地层金家屯组与下伏地层安民组均为火山碎屑岩和火山岩，由物性资料统计结果可知：长安组为低阻层，金家屯组与安民组为高阻层，但是长安组厚度较小，且分布不均，在电性层中难以直接区分，因此在本次综合解释中将三套地层进行了合层划分。

5.5.2　解释方法与地层预测

长安组是双阳盆地一套重要的烃源层，为了摸清其分布范围和展布特征，此次对 MT 电法三维资料做了残差法精细处理。对地层的空间展布进行了预测。

（1）利用已经完成的大套地层（$K_1a - K_1j$）的地质成果，确定了该套地层的顶面和底面的埋深，建立地质体在三维空间的位置；

（2）获取该套地质体三维 MT 电法数据在空间的对应位置，对其进行残差法处理，如图 5 – 28 所示；

（3）通过对残差法断面的综合分析，利用已经施工的钻孔的标定，大致确定长安组与上下火山岩的电性关系，确定其分界的电阻率数值；

（4）对于三维 MT 电法资料，通过计算机三维处理，过滤掉（$K_1a - K_1j$）中火山岩的高阻体，最终获得长安组在空间的分布范围和厚度等地质信息，如图 5 – 29 所示。

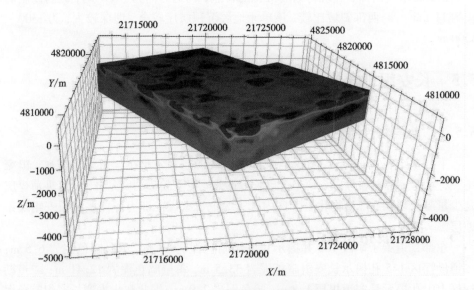

图 5 – 28　（$K_1a - K_1j$）残差数据三维立体图

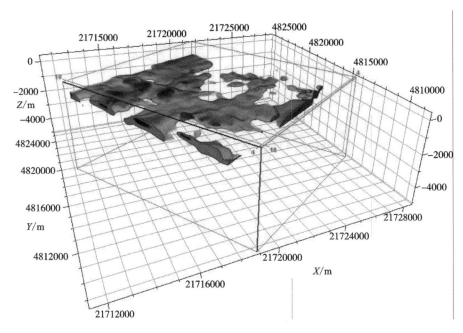

图 5-29　长安组(K₁a)三维立体图

收集到的煤田钻孔,钻遇长安组地层的有:151 井、124 井、113 井、126 井、122 井、136 井、146 井、137 井、125 井、128 井、148 井、101 井、410 井、145 井、147 井、111 井、3-1 井、5-1 井、1-2 井。上述 19 口钻孔均分布于研究区西部和北部,对解释和预测起到一定的标定作用。

由于该套地层较薄,分布不均,此次的综合解释仅在有效的方法下对其进行预测,可作为长安组地层研究的参考。

5.6　岩体展布特征

从区域地质来看,研究区北部大面积出露燕山期花岗岩($\gamma_5^{2-2(2)}$),岩体由北向南向盆地内侵入,至盆地中北部尖灭。物性统计成果显示,花岗岩为明显的高阻体,具中等密度、中等磁性特征,三维重磁分辨率较低,三维 MT 电法分辨率高。由于岩体规模较大,空间分布连续性较好,因此利用三维 MT 电法资料对岩体的划分效果显著。

通过二维电阻率断面的研究,和已知钻孔的标定确定岩体与地层的电阻率界限($\gamma > 140\ \Omega \cdot m$),在三维 MT 电法数据中,利用计算机技术,对电阻率数据进行划分,建立了岩体的空间模型,如图 5-30 所示。

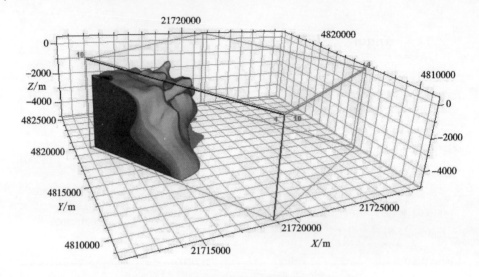

图 5 － 30　花岗岩高阻体初始模型三维立体图

　　由于研究区北部上三叠统—中侏罗统缺失，白垩系火山岩同样为高阻体，计算机技术很难对其分辨，通过二维地质模型的修正，人机联作，最终建立岩体的空间展布特征，如图 5 － 31 所示。

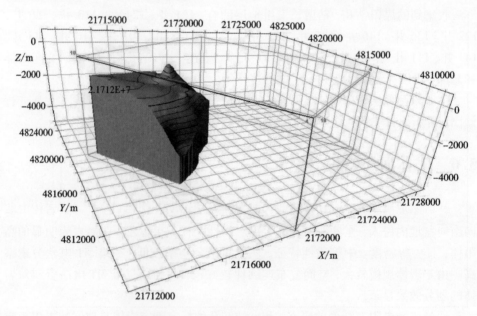

图 5 － 31　花岗岩地质体解释三维立体图

5.7 双参 1 井井位评价

5.7.1 地理简介

双参 1 井位于吉林省长春市双阳区佟家镇大龙村西 1 km（图 5 – 32），地表属山间平原地貌，地面海拔 200～300 m，地势较为平坦，多被水田、旱田覆盖。该钻井附近交通便利，距离乡村道路约 200 m，向北距离水泥公路 0.8 km，向西北通往双阳市区，移动、联通网络信号均覆盖本区。

双参 1 井位于双阳盆地中央凹陷，完钻层位为基岩，设计井深 3000 m，全井段开展了综合测录井工作，设计取芯 150 m。主要目的是建立双阳盆地中生界地层层序，验证地球物理界面的地质属性，揭示中生界组合特征，查明主要泥岩层位与发育特征，明确中生界的生 – 储 – 盖 – 组合特征和含油气情况。探索松辽盆地外围东部三叠系—白垩系的勘探潜力，落实双阳盆地的油气成藏条件。

图 5 – 32 双参 1 井井位地理位置图

（引自 Baidu – GS（2012）6003 号）

5.7.2 地球物理及地质特征

双参 1 井井位论证的主要依据为 2011 年二维地震 3327 线和 Y26 电法断面的地球物理特征和综合推断。

（1）采用地质露头标定，建立了地质层位与地震层位的关系，其中 T1 反射层代表泉头组底界，T2 反射层代表安民组底界，T3 反射层代表大酱缸组底界。

钻井井位位于 T1、T2 反射层的背斜构造之上，T1、T2 反射层的背斜构造形迹较为清晰，背斜构造基本落实。

（2）利用岩石电性特征建立了地质层位与电性层的关系，浅部的低阻层代表放马岭组和泉头组，中部的高阻层代表金家屯组、长安组和安民组，下部低阻层代表太阳岭组、小蜂蜜顶子组和大酱缸组。

利用重－磁－电资料综合解释了双参 1 井区的基底构造和安民组底界构造，双参 1 井的基底位于中央凹陷主体区内，被两个次级凹陷所夹持，金家屯－安民组位于断背斜构造之上，MT 电法资料较好地反映了钻井部位的构造特征。

5.7.3 综合评价

通过三维重－磁－电综合解释认为，双参 1 井位于双阳盆地中央凹陷区，处于盆地中部白垩系断背斜东侧，地层发育较全。

本次解释预测泉头组底面埋深 800 m，白垩系底面（安民组底面）埋深 1450 m，中生界底面（大酱缸组底面）埋深 3200 m。依据综合解释成果编制了双参 1 井三维地质模型，如图 5－33 所示。

2016 年 3 月 6 日双参 1 井完钻，终孔深度 3000 m。现场录井资料显示，泉头组底面井深 830 m，安民组底面井深 1443 m，终孔深度 3000 m 处为三叠系大酱缸组底面。通过实际钻探结果与本次解释成果的对比，证明了三维重－磁－电综合勘探方法具有减少旁侧影响、提高分辨率的技术优势。

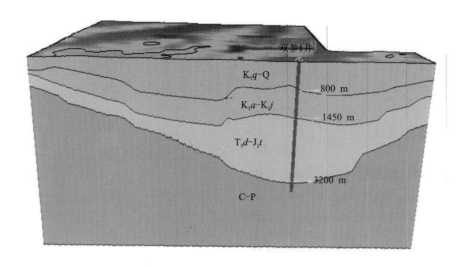

图 5 – 33　双参 1 井三维地质模型

第6章 成果与认识

6.1 主要成果

在对双阳盆地以往地震勘探及探井成果的研究基础上，开展了双阳盆地高精度重－磁－电三维勘探。针对 MT 电法具备纵向上分辨率高的特点，在确定断裂性质、构造层起伏形态与埋深方面优势明显；重力具有横向分辨率高，对确定断裂及高密度体的分布有一定的优势；磁力异常是研究磁性体分布的重要依据，磁性界面也可以作为物性层的划分依据。因此，在本次综合研究工作过程中，考虑到重－磁－电勘探方法解决地质问题的能力不同，采取同一勘探方法不同的处理技术手段解决不同的地质问题，对重－磁－电数据采用全平面多方法常规处理和三维正反演技术相结合，充分发挥各方法的技术优势和特点，从多方面获取能反映断裂、构造与岩性分布的信息，结合地质、钻井、物性等资料开展综合研究，落实解决相应的地质任务。从中取得了以下研究成果：

（1）收集了双阳盆地相关地质、物探资料，整理了 70 余口钻孔的录井资料，通过综合分析和对比，建立了双阳盆地的地层格架。

（2）收集了临近研究区大量的物性资料，系统开展了地层（岩石）密度、磁化率和电阻率参数研究，建立了研究区垂向物性分层系统，为解释提供了依据。

（3）对重－磁－电数据进行了全平面多方法常规处理和三维正反演计算，从多角度、多侧面获取了反映断裂特征、构造层起伏与埋深和岩性分布等各类重－磁－电异常信息，且三维反演成果更为精细。

（4）通过重力水平总梯度二维和三维处理确定断裂的平面展布和空间特征，了解断裂产状变化；通过 MT 电法三维反演确定断裂位置、性质及产状；通过重力、MT 电法和地震方法相结合，完成断裂划分。

（5）利用钻井资料和高品质的地震资料作约束，重、电相结合，完成了 MT 电法断面综合地质解释，落实构造层起伏与埋深，为三维地质建模提供重要依据。

（6）通过三维 MT 电法残差法处理，结合大量的钻孔标定，预测了白垩系长安组地层的三维展布特征。

（7）利用三维 MT 电法分辨率高的特点，并结合计算机技术，通过二维断面修正，建立了研究区北部岩体的三维空间展布。

（8）通过对重磁三维处理，对解释的 MT 电法成果进行约束反演，主要解决了基底起伏、隆凹特征、以及岩浆岩的发育特征等问题。

（9）依据断裂构造特征、地层起伏与埋深，对中生界凹陷进行了单元划分。

（10）依据三维重－磁－电综合研究成果认识，对双参 1 井井位进行了综合评价，建立了双参 1 井三维地质模型。

（11）对重－磁－电异常的综合地质解释成果进行三维可视化处理，查明了断裂、各主要构造层以及岩体的空间分布特征。

6.2　地质认识

开展三维重－磁－电综合勘探方法，具有减少旁侧影响、提高分辨率的技术优势。通过重－磁－电综合方法的研究，有效地解决了双阳盆地的构造格局、地层展布、岩体范围等地质问题。从中获得了以下认识：

（1）地层（岩石）物性差异明显：白垩系泉头组以上地层（$K_1q - Q$）为低阻、低密度、弱磁性；白垩系安民组至金家屯组（$K_1a - K_1j$）为中高阻、中低密度、中强磁性；上三叠统大酱缸组—中侏罗统太阳岭组（$T_3d - J_2t$）为中低阻、中低密度、弱磁性；古生界地层为中高阻、高密度、中－弱磁性；岩体为高阻、中等密度、中强磁性。这些认识为综合解释提供了依据。

（2）全区共划出断裂 13 条，断裂走向主要以 NNW 向为主，其次为 NE 向。早期 8 条 NNW 向张性断裂控制了双阳盆地的主体构造格局为断陷盆地。后期 5 条 NE 向断裂主要为右旋的剪切断裂，同时具有正断层的性质，使盆地北部沉积中心东移，构成目前的构造面貌。

（3）总体构造特征为东西两侧高、中部低。两侧表现为斜坡性质，西部斜坡埋深为 800～2500 m；南北表现为凸起，埋深为 500～1500 m；中部为断陷深凹区，埋深为 1400～3200 m。北部受岩浆隆起影响，缺失了三叠系—侏罗系，仅残留了较薄的白垩系。

（4）燕山期花岗岩由北至南向盆地内侵入，至盆地中北部尖灭，规模较大，北浅南深，埋深为 800～2400 m。

（5）三维重－磁－电综合研究成果认为：双参 1 井位于双阳盆地中央凹陷区，处于盆地中部白垩系断背斜东侧，地层发育较全，基底埋深 3200 m。

参考文献

[1] 王洪力. 双阳盆地聚煤作用及煤层分布特点[J]. 中国煤炭地质, 2006, 18(6): 11 – 16.

[2] 孙卫斌, 杨书江, 王财富, 等. 三维重磁电勘探技术发展及应用[J]. 石油科技论坛, 2012, 31(2): 11 – 15.

[3] 郗钦文. 固体潮汐理论值计算[J]. 地球物理学报, 1982, 25(增刊): 632 – 643.

[4] 柳建新, 童孝忠, 郭荣文, 等. 大地电磁测深法勘探——资料处理、反演与解释[M]. 长沙: 中南大学出版社, 2012.

[5] Sternberg B K, Washburne J C, Pellerin L. Correction for the static shift in magnetotellurics using transient electromagnetic sounding[J]. Geophysics, 1988, 53(11): 1459 – 1478.

[6] Tikhonov A N, Arsenin V Y. Solution of ill – posed problems [M]. New York: John Wiley, 1977.

[7] Farquharson C G, Oldenburg D W. A comparison of automatic techniques for estimating the regularization parameter in non – linear inverse problems[J]. Geophysical Journal International, 2004, 156(3): 411 – 425.

[8] 陈小斌, 赵国泽, 汤吉, 等. 大地电磁自适应正则化反演算法[J]. 地球物理学报, 2005, 48(4): 937 – 946.

[9] 刘海飞, 阮百尧, 柳建新, 等. 混合范数下的最优化反演方法[J]. 地球物理学报, 2007, 50(6): 1877 – 1883.

[10] 李爱勇, 柳建新, 杨生. 大地电磁资料处理中有效视电阻率的利用[J]. 物探化探计算技术, 2011, 33(5): 496 – 500.

[11] 周锡明, 何委微, 刘益中, 等. 松辽盆地及外围重磁连片处理解释[M]. 北京: 科学出版社, 2016.

[12] 曾华霖. 重力场与重力勘探[M]. 北京: 地质出版社, 2005.

[13] 管志宁. 地磁场与磁力勘探[M]. 北京: 地质出版社, 2005.

[14] 张凤旭, 张凤琴, 刘财, 等. 基于余弦变换的匹配滤波方法分离重磁异常[J]. 石油地球物理勘探, 2006, 41(2): 216 – 220.

[15] 徐世浙, 余海龙, 李海侠, 等. 基于位场分离与延拓的视密度反演[J]. 地球物理学报, 2009, 52(6): 1592 – 1598.

[16] 杨文采, 施志群, 候遵泽, 等. 离散小波变换与重力异常多重分解[J]. 地球物理学报, 2001, 44(4): 534 – 541.

[17] 张凤旭, 张凤琴, 刘财, 等. 断裂构造精细解释技术——三方向小子域滤波[J]. 地球物理学报, 2007, 50(5): 1543 – 1550.

[18] 刘天佑. 位场勘探数据处理新方法[M]. 北京: 科学出版社, 2007.

［19］方东红，曾昭发，陈家林. 基于小波分析的重磁数据求导方法及应用［J］. 吉林大学学报（地球科学版），2008，38(6)：1049－1054.

［20］曾琴琴，王永华，李富，等. 重力异常垂向二阶导数在攀西裂谷特征分析中的应用［J］. 地球物理学进展，2015，30(1)：29－33.

［21］DeGroot－Hedlin C，Constable S C. Occam's inversion to generate smooth，two－dimensional models from magnetotelluric data［J］. Geophysics，1990，55(12)：1613－1624.

［22］刘光鼎. 以地球物理为先导，开展残留盆地的油气勘探［J］. 同济大学学报（自然科学版），2005，33(9)：1154－1159.

图书在版编目（ＣＩＰ）数据

双阳盆地三维地质结构重－磁－电综合解释／童孝忠等著.
--长沙：中南大学出版社，2017.11
ISBN 978－7－5487－3072－9

Ⅰ.①双… Ⅱ.①童… Ⅲ.①构造盆地－重力勘探－双阳区
②构造盆地－磁法勘探－双阳区 ③构造盆地－电法勘探－双阳区
Ⅳ.①P941.75

中国版本图书馆 CIP 数据核字（2017）第 279549 号

双阳盆地三维地质结构重－磁－电综合解释
SHUANGYANGPENDI SANWEI DIZHI JIEGOU ZHONG－CI－DIAN ZONGHE JIESHI

童孝忠　周新桂　李世臻　袁　杰　著

□责任编辑	刘石年	
□责任印制	易红卫	
□出版发行	中南大学出版社	
	社址：长沙市麓山南路	邮编：410083
	发行科电话：0731－88876770	传真：0731－88710482
□印　　装	湖南众鑫印务有限公司	

□开　　本	720×1000　1/16　□印张13　□字数 257 千字	
□版　　次	2017 年 11 月第 1 版　□2017 年 11 月第 1 次印刷	
□书　　号	ISBN 978－7－5487－3072－9	
□定　　价	65.00 元